谷沢永一・渡部昇一
Tanizawa Eiichi & Watanabe Shoichi

孫子《そんし》

勝つために何をすべきか

PHP

孫子《そんし》・勝つために何をすべきか　目次

解説

一、計篇――戦う前になすべきこと、心がけるべきこと――

四、形篇——戦いのすがた——

五、勢篇——「形」を「動」に転ずること——

十、地形篇——地形に応じた戦い方——

十一、九地篇——状況に応じた戦い方——

十二、火攻篇――火攻めの原則と方法――

十三、用間篇——情報活動——

装幀　川上成夫
編集協力　㈲高光社

孫子《そんし》・勝つために何をすべきか

解説

兵法書『孫子』は、孫子の説を記録したものです。『孫子』は兵法の代名詞のように言われますが、『孫子』が他の兵法書と異なるのは、それが単なる戦争の技術にとどまらず、人間の心と行動を見すえ、勝負の哲学にまで深めていることです。

古代中国には、孫子と呼ばれる兵法の大家が二人いました。一人は春秋時代の末期（前六世紀末）に生きた孫武《そんぶ》であり、もう一人はその百年ほど後に出た孫臏《そんぴん》です。ところが一九七二年に至り、山東省で出土した文書から『孫子』は孫武の著書であることが明らかとなりました。

孫武は斉（いまの山東省）の生まれで、呉（いまの江蘇省）の将軍となりました。司馬遷の『史記』には、「呉が西方の雄楚を破り、北は斉や晋を脅かし、天下に名をとどろかせたのは、孫武の働きによるところが大きい」と記されています。

現行の『孫子』は孫武ののち六百数十年後に世に出た魏の曹操が注をつけたもので、計・作戦・謀攻・形・勢・虚実・軍争・九変・行軍・地形・九地・火攻・用間の十三篇から成っています。なお、本書は『新書漢文大系3　孫子・呉子』（明治書院）に拠ったことを記し、謝意を表しておきます。

（編集部）

〈プロローグ〉

『孫子』の醍醐味とは

人生とは競争によって成り立っている――谷沢

大学に入ったころでしょうか、『孫子』を初めて読んだときの私の第一印象は、これほど痛快な本はないということでした。あらゆることをズバリと言い切っていて、断言というものは、こんなにすばらしいものかと思ったものです。

とにかく『孫子』の特徴は、儒学と関係がないことです。儒教の影響をまったく受けていません。儒教と無関係の場で勝敗ということを中心に据え、「勝つにはどうしたらいいか」という問題一点にしぼって論じています。

人生というものは、どんなときでも勝負です。『孫子』の場合は戦争ですが、その戦争を別の言葉に置き換えれば、競争ということになります。

人生はだれが何と言おうとも、競争によって成り立っています。競争に敗れれば、その人の人生はみすぼらしいものになります。その競争に勝つための方法を、『孫子』は幾重にも言い換えて論じています。

したがって『孫子』は、他の諸子百家と呼ばれているすべての書物とまったく違い、いわゆる兵書というジャンルに入っています。

たとえば人生を論じても儒学的な人生論ではなくて、とにかく勝つためにはどうしたらいいかということだけを論じています。しかもその言い方には、ズバッと竹を割ったような見事さがあります。

これから私たちは、その『孫子』の中の参考にするに足る名文句を集めて点検し、私たちの感想を述べようというわけです。それは、古典の語義を明らかにする訓詁《くんこ》学ではありません。その類の書物はすでにたくさん出ていて、枚挙にいとまがありません。

そのような訓詁研究ではなく、『孫子』が言おうとしている本筋を知ることに中心を置きたいと思い、そのためには明治書院の『孫子・呉子』（新書漢文大系3）がもっとも適切ではないかと思われますので、これからその本に基づいて語っていきたいと思います。

心に響いた「兵は拙速を聞く」――渡部

私が最初に『孫子』を読んだのは、小学校の四、五年生か、とにかく高学年になってからだと思います。講談社から出ている『キング』という雑誌に『論語』だとか『孫子』だとか『唐詩選』だとか、山鹿素行の『武教小学』だとかが折り込まれていたことがあったのです。

それが何しろ『キング』ですから、分かりやすくできている。その折り込みについての解説は、本誌にあるわけです。

そこに例として挙げてあるのが、こんな話です。

『孫子』の著者の孫武が呉王の闔閭《こうりょ》に、「兵法を知るために、その実際を見たい」と言われた。そこで宮中の女官たち百八十人を借りて部隊を編成し、王さまがいちばん愛している女性を隊長にしたわけです。

みんなに武器を持たせて号令をかけさせたところ、みんなゲラゲラ笑うばかりで言うことを聞きません。

孫武が隊長の命令を聞くことの大切さを繰り返し説明して、また号令をかけさせましたが、やはり女官たちは笑うばかりです。

孫武が「行動を分からせるのは自分の責任だが、分かっているのに動かないのは隊長の責任だ」と言って、王さまのいちばん愛している隊長の女性を斬ろうとしました。王さまは慌《あわ》てて止めさせようとしましたが、孫武は「命じられたのは私だ。王さまの命令でも、将軍としては聞けないこともある」と言って、彼女を斬り殺してしまった。

それを見て、女官たちもピリッとして動くようになったという話です。子供心にも、それは印象に残っています。

『孫子』に興味を持ったのは、それからです。ときどきこの話を思い出しては、ゾッとするほど正しかったなと思います。

私が外界の事件を意識し始めたのは、シナ事変が始まったころです。当時は戦争が始まれば、敵の飛行機が何機も落ちるし、「万歳、万歳」でした。それまで、日本がシナの首府を取ったことなどありません。たいへんな勝ち戦ですが、これがいつになっても終わらない。

それでイライラした体験があるので『孫子』の「兵は拙速を聞くも、未だ巧の久しきを睹《み》ざるなり」（戦争では拙くとも速やかに勝って終結させるもので、戦争が巧みで長い戦争を続けたということは聞いたことがない）という言葉が、本当にピーンときました。

確立されていた将軍の権威――谷沢

いま渡部さんの話に出た、百八十人の美女を戦わせて、その隊長を孫子が斬ったという話は、まさに孫子という人の立居振舞の根本に触れています。これは要するに、将軍の権威の確立ということだからです。

この話のように、王が将軍にとやかく口出しをするようでは、戦は負けるということです。将軍が全権を握って、好きなように兵を動かすのが戦争である。もし王が「戦をやめろ」と言っても、将軍が「これはいける」と思ったら断固やるという、その少数意見、将軍の権威を言っています。

この権威を確立したことが、この時代の孫子を抜群ならしめた大きな因子だったように思います。想像するに、当時の戦国時代のそれぞれの国で、将軍の権威がそこまで確立していたところがあったでしょうか。王というものは、とかく何やかやと口出しをしたがるものです。

これは日本の例ですが、日露戦争のとき、満洲派遣軍総司令官にだれを持ってこようかということになって、児玉源太郎は考えます。ところがこのとき陸軍の総帥山県有朋が、「わしが行く」と言いだします。

児玉が思うに、山県が出ていけば口うるさくて、何やかやと口出しするから困る。そこで児玉は山県を巧みにカットして、大山巌を総司令官にした。

明治天皇は大山巌に、「お前はボーッとしているから、総司令官に適任だ」と言ったという話があります。

つまりここでは、総司令官が王で、全軍を指揮する将軍は児玉源太郎です。児玉としては「とやかく言わずに、わしの思いどおりにやらせてくれ」というのが本音で、作戦に勝つためには将軍の権威が確立していなければならないということを、児玉は当然『孫子』から学んでいたと思います。

将軍はその代わり、全責任を持たなければなりません。もし敗れれば将軍は斬られるということを、『孫子』ははっきり認めています。

ところが孫武は一方で、将軍は主君と睦まじくなければならないとも言っている。ふたりの意思が疎通して、互いに分かり合っている状態でなければ、戦はできないという考え方もしています。

実際に成功に繋がる教え——渡部

孫武の経歴を見ると、日本では孔子や孟子のように儒学の中心にはなっていません。おそらくシナでも同じだと思います。つまり孔子も孟子も、ちょっと位についたことはあるものの、思う存分に才能を発揮できなかった。仕方がないので、先生になったような感じです。

ところが孫武は、戦争をさせれば勝つし、終わりを全うしているみたいです。晩年のことは分かりませんが、斬られたとか殺されたという話は聞きません。これを逆に言えば、『論語』や『孟子』はこの世で成功しなかった人が立派なことを言った。それが立派な言葉だったから、シナの歴代王朝の中心をなす教えにもなった。

ところが、その中心になれなかった思想家もいるわけで、それが老荘思想です。これは個人的にはともかく、社会では使いものになりません。

そうするとシナ思想といっても、おおよそ三段階あるように思う。実際に成功に繫《つな》がる教え、実社会では失敗したけれど後世に成功するような教え、それから実社会にはあまり関係がない教えです。つまり孫子的な世界、儒教的な世界、老荘的な世界の三つです。

われわれは日常の人間関係では、人生は『論語』に窮《きわ》まり、議論は『孟子』に窮まるというところがありますが、ひとりになって人生のことを考えるときは、老荘思想に大いに共鳴するところがあります。実社会の人間関係では儒教でいいし、ひとり座すときは老荘思想でもいいのですが、実際に事業を立ち上げて勝とうとする人は、やはり実際に勝った人の思想や教えが貴重なのだと思います。

思うに、明治維新のころの元勲たちは読む本があまりなかったわけですから、愛読書の中には、かならず『孫子』があったはずです。もちろん、『論語』も『孟子』もあったに違いありません。そして、それぞれの本から影響を受けたのだと思います。

われわれから見て、いまの人と明治の人とで大きく違っているのは、明治の人たちは議論が好きだったということです。伊藤博文なんかでも、周囲の人たちと平等の立場で議論をしている。これは『孟子』の影響だろうと思います。同じように、軍人はかならず『孫子』を読んでいたに違いありません。

それゆえ戦争というものは十分に準備し、パッと始めてパッと止めるという『孫子』の奥義を実行しているような気がする。だから明治時代は、かならず成功しました。この明治時代の慎重さは、その後の日本から消えてしまったもののひとつだと思います。

戦争は危機を脱する手段——谷沢

要するに戦争というものは、止むを得ず始めるというのが根本です。戦争をする以外に方法がないという局面に追いつめられて、ほかにどう考えても選択肢がないから、戦いに踏み切るわけです。いたずらに好戦的な姿勢は、かならずといっていいほど、よい結果を生みません。戦争はたいていの場合、切羽詰まって乗り出すことになります。いうなれば、危機を脱するための手段でしかないわけです。

そのためには、一刻も早く難局を乗り切らなければなりません。戦争にとってもっとも大切なのは時間です。まず第一に、どうしても戦いを始めなければならないとなれば、いたずらにためらっていないで、戦機を捉えなければなりません。もっとも有利な条件のもとに戦端《せんたん》を開く必要があります。

決断も大切です。そしていったん優勢となれば、瞬時も早く決着をつけなければなりません。勝ったという情勢を固く守って、戦いをきりあげる判断が、戦局を決定するわけです。

現代の経営者、政治家に読ませたい本――渡部

ここで西洋の話をしますと、シナの本で西洋にいちばん影響があったのは、『孫子』です。人間関係については、キリスト教やギリシャ・ラテンの古典などで別に組み立てていますから、『論語』も『孟子』もあまり評価されておりません。

ところが『孫子』はテーマが戦争ですから、イデオロギーや宗教に関係がないし、どこの国にも通用します。とくにナポレオンが好きだったとか、ドイツの参謀本部で研究していたとかいろいろあって、『孫子』だけは影響力があったようです。

いまの日本を見て、政治家たちに『孫子』の教養があるかといえば、その点についてははなはだおぼつかない。少なくとも経営者、政治家、外交官などには、この本を読んでもらいたいと思います。とくに高級官僚になる第I種国家公務員試験などでは、受験科目に入れてもらいたいくらいです。

とにかく『孫子』などを読んで感銘を受けるのは、それが古い時代に書かれているということです。日本では縄文文化の時代で、まだ歴史時代に入っていません。それにもかかわらず、なんと神秘思想から自由であることか。むしろ積極的に神秘思想を排しているような感じさえ受けます。

これこそ、本当の意味の古代文明だろうと思います。古代と言われる時代は、迷信みたいなものに凝り固まっているのが普通ですが、それがありません。ギリシャの都市国家しかり、興隆期のローマしかり。

それらの文明は、大きな広さを持ってはいません。孫子などが出てくる中国の世界も、せいぜい北は万里の長城以南、南は揚子江以北で、大した広さではない。そこでは小さな国が争いながら、知恵を磨く時代があった。これは古典的な時代だったと思います。本当の古典を成立させるための空間だったような気がします。それはギリシャ文明やローマ文明も、いまから見るとひどく狭い空間で成立したわけですから。

そのいちばん面白い時代のエッセンスが、『孫子』にはあるように思います。また別のエッセンスが『論語』や『孟子』にあり、さらに別のエッセンスが老荘にあった。その中で、いまのわれわれにとってもっとも重要なもののひとつが、ナポレオンさえも感心させた実戦的な『孫子』ではないでしょうか。

ナポレオンも、『孫子』の教えを守らなくなったときから負けはじめているという感じがします。

それでは、本論に入りましょう。

一、計篇

——戦う前になすべきこと、心がけるべきこと——

戦いは軽々しく始めるべきでない

【兵《へい》は国《くに》の大事《だいじ》(計　一)】

【本文】孫子《そんし》曰《い》わく、兵《へい》は国《くに》の大事《だいじ》にして、死生《しせい》の地《ち》、存亡《そんぼう》の道《みち》なり。察《さつ》せざるべからず。故《ゆえ》に之《これ》を経《おさ》むるに五事《ごじ》を以《もつ》てし、之《これ》を校《こう》するに計《けい》を以《もつ》てして、其《そ》の情《じょう》を求《もと》む。一《いち》に曰《い》わく道《みち》、二《に》に曰《い》わく天《てん》、三《さん》に曰《い》わく地《ち》、四《し》に曰《い》わく将《しょう》、五《ご》に曰《い》わく法《ほう》。道《みち》とは民《たみ》をして上《かみ》と意《い》を同《おな》じくせしむるなり。故《ゆえ》に以《もつ》て之《これ》と死《し》すべく、以《もつ》て之《これ》と生《い》くべくして、危《あやう》きを畏《おそ》れざるなり。天《てん》とは陰陽《いんよう》・寒暑《かんしょ》・時制《じせい》なり。地《ち》とは遠近《えんきん》・険易《けんい》・広狭《こうきょう》・死生《しせい》なり。将《しょう》とは智《ち》・信《しん》・仁《じん》・勇《ゆう》・厳《げん》なり。法《ほう》とは曲制《きょくせい》・官道《かんどう》・主用《しゅよう》なり。凡《およ》そ此《こ》の五者《ごしゃ》、将《しょう》聞《き》かざるは莫《な》し。之《これ》を知《し》る者《もの》は勝《か》ち、知《し》らざる者《もの》は勝《か》たず。

【解釈】孫子は言います、戦争は国家の重大事であって、民衆の死生を決めるものであり、国家の存亡を左右するものであります。慎重に考えないわけにはいきません。ですから、軍備をするのに五つの事項をもってし、敵国と自国を比べるのに計算を用い、敵国と自国の実情を求め知るのです。その五つの事項とは、第一に道、第二に天、第三に地、第四に将、第五に法を言います。第一の道とは民を君主と一心同体にさせることです。ですから民衆は君主とともに死に、ともに生きて、危険を恐れなくなるのであります。第二の天とは陰陽や気温や時節を言います。第三の地とは距離の遠近と、地形上の険しさと、土地の広さと、戦闘をする際の有利不利の土地の様子を言います。第四の将とは将軍の智恵と信義と仁愛と勇気と威厳を言います。第五の法とは遺漏のない制度と、官吏の地位・職務などの規定と、その運用を言います。およそこの五つのことについて、将軍は聞いたことがない者はいません。しかしこれをよく知っている者が戦争に勝ち、知らない者は戦争に敗れるのであります。

準備なしに始めた大東亜戦争——谷沢

孫子は勝つためには、あらゆる努力、あらゆる手段を尽くすことを考えています。「兵は国の大事にして、死生の地、存亡の道なり。察せざるべからず」、つまり「戦争は国家の一大事であって、国民の生死を左右し、国家の存亡にかかわるものである。よくよく見きわめなければならない」と言っています。

これをさらに短く表現すれば「戦いは軽々しく始めるべきでない」ということです。戦いを始めるには、よほどの準備がなければなりません。君子は怒りを発して、その準備なしに敵国に攻めかかるようなことがあってはならない、ということです。いったん戦争ということになれば、国を挙げてやるべきであって、国力のすべてを投入しなければならない。戦争は国民の生活を左右するものである。国家が滅亡するかどうかという道、その方向、方法であるから、そのことをよく察しろと言っているわけです。

これはもう、ただ一言で大東亜戦争のことを言い尽くしています。国の大事であることを考えなかった参謀本部の将校たちにとって、戦争は博打だったわけです。博打である以上、賭けるモノが必要で、負けた場合はその賭けたモノを失うことになりますが、彼らはその賭けるモノの準備なしに戦争を始めてしまった。

それが大東亜戦争の実態です。まさに存亡の道であって、国が滅びるということになってしまいました。だから戦争とは何かということは、一言で言えばこれだけの大事を抱えているのですから、軽々しく始めるべきものではないということです。

さらに『孫子』は、戦争を始めるにあたって整えなければならない用意についていろいろと言っています。すなわち統治の基本として、五つの要件を満たしているかどうかをチェックしなさいと言っている。

最初は「道」で、これは国民が同じ気持ちで参加してくれるような基本方針を持つことを言っています。次は「天」で、これはタイミング。さらに「地」は環境的条件、「将」は指導者、

「法」は組織、制度、運営です。これらのことが整っていなければ、戦争を始めるべきではないと言っています。

『孫子』の重要なところは、戦争のための技術を論じていながら、かならず民の意思をまとめること、国民が支持してくれる状態に持っていくことを第一に挙げています。次がタイミングで、これは敵が何らかの弱みを見せており、味方に優勢な条件があるというチャンスだと思います。それから環境的条件、これはそのまま環境です。

その次は指導者で、指導者は将軍です。将軍に優れた人物を得なければダメです。最後の法ですが、この組織、制度、運営というのは人事の問題です。人事が整然と行なわれていなければ、ここでヘマが起こって戦争は負けます。倒れる会社は、かならず人事で間違っています。たとえば器量のない人物を寵愛するあまり高い地位につけ、力量のある人を貶《おとし》めて低い地位につけるということになれば、出世した者は思い上がって、何も見えなくなります。逆に落とされたほうは、元気を喪失してしまいます。そのような人事が、はたして日本で行なわれていないでしょうか。

慎重だった明治のリーダーたち――渡部

私はこの『孫子』の書き出しを読んだとき、明治時代の戦争をした人と、この前の戦争をした人との差は、何と大きいんだろうと思いました。日清戦争が始まる前の陸奥宗光がどれほど苦労したか。当時は白人が圧倒的に干渉してきます。その干渉を排して戦争ができるかどうかと、ありとあらゆる工夫を重ねます。

それから、日露戦争の前のあの慎重さです。当時は「ロシア討つべし」の声が国内に澎湃《ほうはい》と起こって、東大の七博士などは強硬な意見書を出す（七博士建白事件）。参謀本部のほうでは、「オレたちは軍艦の数と大砲の数で考えている」と言っている。とにかくギリギリの最後まで、徹底的に和平か戦争かを秤《はかり》にかけます。あのとき日英同盟ができなかったら、戦争はしなかったかも知れません。おそらく、しなかったでしょう。

伊藤博文は最後まで日露交渉を続けています。それで、日英同盟が成功したということで、ようやく手を引きます。それほど慎重に、たがいの戦争を食い止めるために工夫を重ねました。

戦争が始まってからも、短期決戦でいくことははっきりしていた。本当に国の大事、存亡の道だということを、痛いほどよく知っている人たちがやったという感じです。やはり当時の日本人のリーダー・クラス、とくに軍人になった人たちは、みんな『孫子』などを読んでいて、共通了解事項になっていたと思います。

とにかく、『孫子』に戻りましょう。「道」（民意を統一し得る基本方針）ですが、日露戦争のときには、だれもが戦わなければならないと思っていました。ロシアは満洲を非合法にすべて占領し、北朝鮮まで下りてきて、さらにコリア半島の南端の鎮海湾《ちんかい》に軍港をつくるという計画を持っていたわけです。次に日本まで来ることは確実ですから、政府が民意統一の努力をする必要がないほどロシアと戦う決意は固まっていました。

政府もそれだけの自信があったから、与謝野晶子が「君死にたまふことなかれ」などという詩をつくっても、へっちゃらだったわけです。「放っておけ」ということで、出版差し止めなどという措置はとらなかった。それほど、「民意を統一し得る基本方針」については、日清、日露ともに確立していました。

ところが、この前の戦争のときにいちばん苦労したのは、なぜ戦争をするか分からないということでした。シナ事変がなぜ長く続くのか分からない。だから議会でも、昭和十五年二月二日、斎藤隆夫が「ただいたずらに聖戦の美名にかくれて、国民的犠牲を閑却《かんきやく》し……事変以来の政府は何をしたか……二年有半の間に三たび内閣が辞職する……」と反軍演説を行なったわけです。そんなことを言われた戦争が、なぜあれほど長く続いたか——、それが国民にも分からなかった。だから逆に、反戦的な言動を強く取り締まったのです。

日露戦争はなぜ勝てたのか——谷沢

日露戦争の場合を例にとりましょう。

まず「天」ですが、日本が日露戦争を遂行できた決定的な条件がありました。それは言うまでもなく、日英同盟です。世界の強国であるイギリスが、日本に加担した。これほど大きな出来事はありません。敵国であるロシアにとって、非常に手痛いことはもちろんです。

イギリスはアジアの平安を維持するため、画期的な決断に出ました。それゆえに我が国は、戦争を可能にする「天」の利を得られたわけです。日本の国際的な信用が、初めて姿かたちをとりました。

それから、ロンドンにおける国債募集の成功があります。これもはじめはうまくいきませんでしたが、アメリカのユダヤ人ヤコブ・シフ氏の積極的な申し出によって成功へと導かれます。帝政ロシアはユダヤ人を迫害していましたから、その結果がこういう成り行きとなったのです。シフ氏に続いて、ロンドン市場も日本に好意を示すようになりました。まことにありがたい動きが生まれます。

「地」の利については、言うまでもありません。はるばるヨーロッパから攻めてくるロシアの悪条件と比較すれば、日本のほうが相対的に考えて有利であることは当然でしょう。これも当初から計算に入っていたはずです。

「将」については手前味噌になりますが、人材がなんとか間に合う程度に用意されていました。維新生き残りの、実戦感覚が身についた豪傑たちです。

そして「法」となれば、訓練が行き届いています。日本がやがてロシアと戦わねばならないということは、三国干渉の時期から分かっていたわけです。そのために無理を重ねて陸海軍を充実させました。可能なかぎり備えることによって、開戦に臨んだのでした。

前大戦の失敗の本質を見極める——渡部

「道」の続きを話していませんでしたので、続けさせてもらいましょう。

次は「天」、つまりタイミングですが、この前の戦争は十分に準備し、民意が統一されて始まったのではないので、タイミングを常に相手にとられている。蘆溝橋しかりで、鉄砲を撃ってきたのは相手だし、第二次上海事件にしても爆撃したのは相手です。

この前の大東亜戦争も、日本は石油を絶たれ、あれを絶たれ、これを絶たれで、結局、引き込まれてしまった戦争なんです。日露戦争の場合はあらゆる手を打った末の戦争ですが、大東亜戦争はジリジリと追い込まれていったという感じです。

次の「地」は環境的条件ですが、当時の軍はすべて石油で動いていました。当時、国力は石油をどれだけ持っているかで決まっていた。ところが、石油がまったくなくて、石油を売ってくれる国と戦争をしようというわけですから、はじめから無謀なのです。『孫子』の第一篇は「計」ですが、そもそも計がありません。

「地」的環境といったら、当時は地下資源です。そんな環境の中で、「石油が足りない」と言っている国が、石油を売ってくれる国とどうして戦争をするんですか。まったく理解に苦しみます。

さて、「将」ですが、当時の日本には統一したリーダーがいないという問題がありました。統帥権の解釈に違いがあり、それをまとめる人がいない。それを露呈したのが、シナ事変のときです。だれが責任を持つか分からないし、戦争はなかなか終わらない。仕方がないので、話し合いの場として大本営内閣懇話会というのをつくった。参加者は内閣から首相、外相、陸相、海相、大本営側から参謀総長と軍令部総長。この六人はかならず出席し、次官が出ることもありました。

この懇話会でも話はまとまらず、戦争の話をするのに懇話会はおかしいということで、大本営内閣連絡会議に名称を変えました。ですから、大東亜戦争で英米への宣戦布告を決めたのはこの連絡会議です。天皇陛下は立憲制度がある以上、自ら決断を示されることはない。中心がないわけですから、だれが責任を負ったわけでもなく、連絡会議が決めたのです。

このような連絡会議に天皇陛下が出席されたのを御前会議と言いますが、陛下は発言なさいません。開戦が近くなったころは、直接の意見をおっしゃらずに「四方の海　みな同胞《はらから》と思う世に　なぞ波風《なみかぜ》の立ち騒ぐらむ」という明治天皇の歌をお詠みになって、遺憾の意を表しただけです。連絡会議の決定を止める力はないんです。

それで、戦争はどんどん進み、日本の形勢は不利になるばかり。いちばん困ったのは、だれが中心になるか最後まで分からないことです。どうにかしなければということで、こんどは連絡会議ではなく、最高戦争指導会議に名称を変えましたが、やはりだれが指導するのかが分からない。

当時いちばん力があったのは東条英機で、首相であり、陸軍大臣であり、参謀総長であり、一時は軍需相とか文部大臣まで兼ねましたが、絶対に兼ねられないものがある。現役の陸軍軍人である彼は海軍にはタッチできないのです。太平洋で戦争をしているのに首相がタッチできない。「将」がいないのです。これは意外に指摘されていないことですが、あの戦争で統括する将がいなかった唯一の国が、日本なんです。

アメリカではルーズベルトが言えば、陸軍だろうと海軍だろうと、基本的なことはバシッと決まりました。イギリスではチャーチル、ドイツならヒトラー、イタリアはムッソリーニ、ソ連ならスターリン、シナでは蔣介石。みんな統括しているんです。日本だけが統括する人がいなかった。

最終的には原爆が落ちて止めなければならないんですが、それを決断する人がいません。それで首相が投げ出し、天皇陛下の御意見を仰ぐ。ここで、本当は仰いじゃいけないんですが、

「決めてください」みたいなことになって、「私は外務大臣の意見に賛成だ」という天皇のお言葉でポツダム宣言を受諾することになったわけです。

日本は立憲君主制度でしたが、その内閣が放り出し、天皇の意見でようやく決まったという変な形なんです。将がいないのです。もし全体の将がいたら、負けるにしても、もっと勝ってから負けたと思います。

「法」では、「将」とも関係しますが、日本では統帥権の問題があって、これが重大問題でした。一九二二年に海軍軍縮会議があって、ここで日本はアメリカやイギリスの七割を主張しましたが、実際には五・五・三になって、日本側に不満が噴出した。

ところが当時の海軍省には世の中を分かっている人がいて、「そんなことを言っても、条約を破ればアメリカなどいくらでも軍艦をつくれる。むしろ日本は五・五・三をのんで、アメリカの建造を抑えることが大事だ」と言った。それに対して、こんどは軍令部が統帥権干犯《かんぱん》だと騒ぎはじめ、軍縮会議を破って無条約時代に入ります。

無条約時代に入ったら、鉄も石油もあるアメリカはどんどん軍艦をつくりはじめる。これは「法」の整備ができていないことが招いたことです。

まだあります。大東亜戦争でいちばんの問題は、三国同盟を結んだことでしょう。これは陸軍が中心になって進めたことで、海軍が反対したためになかなか結べなかった。ところが及川古志郎が海軍大臣になったとき三国同盟に賛成し、まっすぐ石油を絶たれるような状態に突入していきます。及川は「なぜ三国同盟に賛成したか」と聞かれて「陸軍との〝和〟を保つためだ」と答えたそうです。

あのとき、国の大事、死生の地、存亡の道ということを知っていたのは、さすがに海軍で、条約派と言われた加藤友三郎以来、山本五十六にまで繋《つな》がる人たちでした。ところが死生の地ではなく、陸軍と仲良くするためだとか部内の和を保つためだとか、内部に顔を向けて国の大事を過ってしまいました。明治の人と比べると、これは天地の差ですね。

この他にも、前の戦争の話はいくらでもあります。これは、忘れられてはいけないんです。九州の知覧《ちらん》町に、特攻隊の基地がありましたね。瀬島龍三さんがあそこに碑を建てるためにお金を集め、建てることになったら文部省の許可が要ることが分かった。それで文部省へ行って「特攻隊のために碑を建てる」と言ったら、担当の人が「特攻隊って何ですか？」と聞いたというんです。一緒に行った人が「何だ、こいつ」と怒ったところ、瀬島さんはそれを抑えて「いや、特攻隊も忘れられる時代だから、必要なんです」と言ったそうです。

こんな話もあります。坂井三郎という零戦の英雄がいますが、この人が国電に乗っていたら、前に高校生らしい集団ががやがや話をしている。聞くともなしに聞いていたら、「お前、日本とアメリカ、戦争したことがあるんだってな」。それを聞いていた相手が「うっそー」と言ったというんです。

戦闘機の歴戦の勇士もがっくりです。こんな時代ですから、戦争のことからは繰り返し教訓を学ぶことです。それが日本の生きる道に通じると思います。

理不尽な行為には断固怒れ！——谷沢

日露戦争のときに、国を挙げて戦争に協力しようという機運が盛り上がったと渡部さんの話にありましたが、その大きな原因は三国干渉にあるんですね。

日清戦争のあとの下関条約で得た戦利品を、ドイツとフランスとロシアが手を出して取り上げてしまいます。いちおう国際的に認められた条約で決まったものを、条約とまったく無関係な国がしゃしゃり出てきて、それを全部元に戻せと言った例は、世界でも史上初めてでしょう。

しかもロシアにいたっては、清国に返させたうえ、ただちに旅順を押さえてしまった。日本中は、もう怒り猛っていたわけです。その、理不尽な三国干渉を怒ることができた明治の日本人の気概は、立派なものだと思います。これが清国だったら、負けてそのまま終わりという状態でしょう。

日本で明治維新がなぜ起こったかといったら、それは国民が怒ったからです。アジアのどの国も、ポルトガルが来ても、シナが来ても、とにかく外国が来ても怒らなかった。ただ日本人だけが怒って、外国に対抗する方法を考えたわけです。

『史記』が言った「臥薪嘗胆」というのは、三国干渉があった明治二十七、八年から三十七、八年にかけての十年間の日本を言っているようなものです。このころの日本人の精神は、ひたすら臥薪嘗胆だった。

それで日露戦争になり、アジアの小国が大ロシアに勝ったわけですが、問題はその勝ち方です。日本海海戦はパーフェクトでしたけれども、ほとんどの戦いは鍔迫《つばぜ》り合いの危ういところで勝っている。奉天会戦などは、ほとんど力が尽きるところでようやく終わっています。だからポーツマス条約の全権だった小村寿太郎が大きく譲歩したのは、当然のことでした。

当時は桂太郎内閣ですが、政府はそのことを国民に一切知らせなかった。だから戦争の実態を知らない民衆の不満で、帰ってきた小村寿太郎は東京駅に着くことができず、そっと横浜に降りるという屈辱的なこともありました。日比谷焼き討ち事件も起こりました。国民は、猛りに猛っていたわけです。これは、ずーっと大東亜戦争にまで響いてくる問題だと思います。

とにかく戦争というものは、同じ勝つにしても、その勝ち方がどうだったかを国民に知らせる必要がある。「勝った、勝った、大勝利」と言って国民をおだてあげることが、後の国の滅びに繋がるということを考えるべきです。

たしかに「実はぎりぎりで、危ういところで勝ったのだ」と言うことは至難の業で、当時の政府は怯えて、そんなことは言えなかったのだと思います。それがやはり、後に響いてきたと思いますね。

早くから旗印を掲げた信長——谷沢

ここで言っているのは、自分たち兵隊が何のために戦っているかを自覚することによって、強さが何倍にもなるということですね。

日本で例を引くならば、織田信長でしょう。信長は岐阜時代から「天下布武」、天下に武をしくということを言って、部下たちにも自分の目的をはっきり知らせていました。ところが武田軍団にしろ浅井軍団にしろ、目標がありません。

目標を持たせるということが、信長があれだけ短期間に勝ち、優れた部下をつくることができた理由ではないでしょうか。

ここで『孫子』が口をきわめて言っていることを裏返して言うと、ほとんどの戦争は怒りとかちょっとしたきっかけとか、何か突発的なことで起こりやすいという実態があったのではないか。だからアンチテーゼとして、それではいけないんだということを説いているのだと思います。

武田信玄は目的を遂げませんでしたが、もちろん目的はあった。しかし上杉謙信とか北条氏政とかがいたため、一目散に京都へ行くことができなかった。だから信玄は、はっきりと目標を掲げていません。以心伝心で京都へ行こうとしていることは分かっていたでしょうが、信長のようにはっきり旗印にしたり、文書にして見せるだけの目的意識は薄かったように思います。

一方の毛利元就はまた逆で、山陰、山陽の八カ国をわが版図とすると明らかにしていました。毛利家はそれを守るために努力したわけです。だから、これもひとつの目的ではあったわけです。したがって、信長のような突進型もあれば、毛利型の守備一点ばりもあるということでしょうね。

信長は何がいちばん重要であるかについて、はじめから十分に考えを練りました。そして、付随的なことには心を煩わさなかった。まず美濃を押さえることに、あらゆる知恵をしぼりました。そのためには武田信玄と外交がうまくいくように工夫する。非常に屈辱的な姿勢を示してでも、ひたすらご機嫌をとりました。

それは大切な戦略なのだから、恥ずかしいとも何とも思わない。信長は常に慎重で、一時の衝動に駆られるようなことがないように自制していました。目的を明確にすることが彼の第一の方針だったのです。

石油を止められた日本人の立場——渡部

信長は「天下布武」を掲げましたけれども、アメリカやイギリスは「デモクラシー」を掲げました。つまり対ファシズムの図式を掲げたわけですが、これはインチキです。アメリカはソ連と手を組みましたが、ソ連はヒトラーやムッソリーニ以上の社会主義者で、反デモクラシーです。ファシズム以上のファシズムなんです。

ところが、戦前ですから、そんなものはあっさりネグって、デモクラシー対ファシズムという図式をパッと掲げた。

それに対して日本は、「大東亜共栄圏」です。植民地の地域から見れば植民地解放には違いないけれども、残念ながら他の国々から見れば、石油がないから取りに行ったという印象しか与えません。もちろん出かけて行った兵士たちは解放軍のつもりだったし、インドネシアなどは感謝している。インドだって、日本のお陰で独立したわけです。ただ欧米の国々は、「日本も石油欠乏症が限界にきたな」と思っています。

それからヒトラーが掲げた目的はレーベンスラウム、生活空間を持つことです。これは分かりにくい。一方のアメリカやイギリスはデモクラシー対ファシズムですから、旗印の響きが違います。ヒトラーはこれでかなり損をしました。

たとえば戦後欧米に留学し、国際関係論なんかで博士号を取ってきたような人たちも、前の戦争はファシズム対デモクラシーの戦いだったなどと習ってきています。それほどうまい宣伝文句だったわけです。みんな洗脳されている。こんなもの、「ソ連はどうだった」と言ったらペシャンコです。戦争中というのはそれほど、明々白々なことでも隠すことができたわけです。そしてみんなの支持しやすい旗印――戦争目的――を掲げた。ファシズム対デモクラシーと。

先ほど谷沢さんは、明治維新のとき国民は怒っていたと言われましたが、それでは大東亜共栄圏のときはどうだったかといえば、明治維新のときほど怒っていなかった。明治維新のときは目の前に黒船が来て脅されていたし、武士として威張っていた幕府が手も足も出なかった。国民は怒りましたよ。

しかし、大東亜戦争で石油を止められてからは国民も怒りました。多くの人はシナ事変には反対だったけれども、真珠湾攻撃のときは「清々した」と言っていました。日本がそこまで追い詰められたのは、政策を十分に考えなかったからですが、真珠湾攻撃まで来れば、もう軍・官・民一体でした。

それが、特攻隊まで繋がるんです。特攻隊になったのは当時の若い世代で、上のほうはわれわれと五つか六つしか違いません。石油でじわじわと締められたことを、肌で知っていたわけです。

その意味では、ここにある「民をして上と意を同じく」し、「危《あやう》きを畏《おそ》れざ」らしめられたことは確かです。ただ、少し遅すぎました。シナ事変のころ、こんな気持ちにさせるような情勢はありませんでした。だからシナ事変には何が何でも幕を引くべきでした。シナ事変が終結しておればアメリカとの戦争もなかったでしょう。

それにしても幕府が引っ繰り返るのは早かった。その理由のひとつは、幕府の武士たちも、自分たちが黒船に対して何もできなかったことを不甲斐ないと思っていたのだと思う。そういう反省があったから、みんなが奮い立てなかったのだと思います。黒船以来、日本が外圧を払って独立し、列国の仲間入りをすることを目的にしてきたのは、そのことと無関係ではないような気がします。

正直なだけでは生き抜けない

【兵《へい》は詭道《きどう》なり（計 三）】

【本文】兵《へい》は詭道《きどう》なり。故《ゆえ》に能《のう》にして之《これ》に不能《ふのう》を示《しめ》し、用《よう》にして之《これ》に不用《ふよう》を示《しめ》し、近《ちか》くして之《これ》に遠《とお》きを示《しめ》し、遠《とお》くして之《これ》に近《ちか》きを示《しめ》し、利《り》して之《これ》を誘《いざな》い、乱《みだ》して之《これ》を取《と》り、実《じつ》にして之《これ》に備《そな》え、強《つよ》くして之《これ》を避《さ》け、怒《いか》りて之《これ》を撓《みだ》し、卑《ひく》くして之《これ》を驕《おご》らせ、佚《いつ》にして之《これ》を労《ろう》し、親《した》しみて之《これ》を離《はな》し、其《そ》の無備《むび》を攻《せ》め、其《そ》の不意《ふい》に出《い》づ。此《こ》れ兵家《へいか》の勝《かち》、先《さき》に伝《つた》うべからざるなり。

【解釈】戦争とは敵を欺く行為であります。ですから自分には能力があっても、敵には能力がないように見せたり、ある作戦を用いているのに、敵にそれを用いないように見せたり、自分の軍が近くいても、敵に遠くにいるように見せたり、その逆に、遠くにいるのに敵に近くにいるように見せたり、利益を見せて敵を誘い出したり、敵を混乱させて敵から奪い取ったり、自分の軍が充実しているのに、充実していないように見せて敵に備えたり、自分の軍は強いのにわざと敵を避けたり、自分の軍がわざと怒りを示して敵をかき乱したり、自分の軍がわざとへりくだって敵を驕らせたり、自分の軍がわざと安楽な状態にいるように見せて敵を疲労させたり、敵国にくみする他国と親しくしてその国同士の関係を離間させたり、敵の備えていないところを攻撃したり、敵の予想していないことをしたりするのであります。これが兵法に明るい人の勝ちを得る方法ですが、これは臨機応変のことですから、先の軍備論を説く前に伝授してはいけません。

騙すことこそ人生の大道——谷沢

ちょっと飛びますが、『孫子』という本を一語で表すのが、この「兵は詭道なり」という言葉だと思います。ここで「兵」というのは戦争で、「詭」はたばかる、つまり騙すことです。その「道」ですから、私はそれを「やり方」と考えます。

しかし、この解釈を「孫子のねらいは、力ずくではなく、心理的な操作によって、無理なく相手をコントロールすることにある。それが孫子の言う『詭道』なのだ」という言い方をする人もいます。大体、同じことではないかと思うのですが……。

これを一言で言えば「敵の裏をかく」ということですから、戦争で敵の裏をかくのは当然のことで、それに注釈をつける必要はまったくないと思います。

要するに商売の道にしても、相手の裏をかく、あるいは同業者の裏をかくということを年中やっていなければ、商売なんかやっていけません。実業であれ、兵法であれ、すべてが裏をかくことです。

相撲だってそうです。相手が出てくるところを、その裏をかいて反対の技で勝つということです。サッカーに至っては、もう騙し合いです。ほとんどのスポーツは騙し合いなんです。ラグビーしかり、テニスしかり、すべて相手の裏をかくことです。

人間生きているかぎり、このように騙し合いになるのは当然のことで、それを『孫子』がここであえて言っているというのは、その騙し合いに後れをとって引き下がるようなことがあってはならないという意味が込められているのではないですか。

裏をかくというのは、もう人生のごくノーマルな生き方です。だから『孫子』は、そのことを忘れるなと、念を押しているのでしょう。いけないのは詭道ではなくて、下手な詭道がいけない。詭道というのは、人生の大道だと思います。

世界では詭道と詐術に境界がない――渡部

まさに谷沢さんがおっしゃるとおりですが、日本の政治家には、変に詭道を嫌う連中がいる。馬鹿正直が正しいということです。だから、政治家が株を知っているのは悪い、みたいなことになるわけです。株ほど、経済の常道でありながら詭道であるものはありません。むしろ詭道そのものが常道なんです。ところが、「株をやったことはありません」などと自慢している人が、大蔵大臣になったりする。

アメリカはどうかといえば、株で大儲けした人が財務長官になる。日本はせっかくいい工業製品をつくり、輸出して貯めたお金をみんな巻き上げられるようなことになっている。「兵は詭道なり」と同様に、財政も政治も詭道なんです。アメリカがやっていることは、明らかに詭道です。

日本では、入学試験を通って偉くなった人間が、上へ行く。入学試験で詭道といえばカンニングですから、これはやってはいけない。その発想が抜けないのです。ずる賢いことだと考えてしまう。いい意味のずる賢さがなければ、生きてはいけないのです。詐欺までいっちゃあまずいが、その一歩手前がいい。

それでは、詭道と詐術はどこが違うのかといったら、国際的に見て、違いは「ない」と同じでしょう。詐欺も失敗するから捕まりますが、成功すれば詐欺はそのままです。だから日本でたとえば野村證券の大田淵《おおたぶち》（田淵節也）氏を大蔵大臣に据えるという発想があれば、『孫子』が分かったと言えるのかも知れません。そうしたらアメリカへ行って、サマーズ財務長官とやり合えます。

株をやったことがないなどと自慢している男が大蔵大臣をやったのでは、スッテンテンにやられるだけです。

その意味では、日本が満洲国をつくったのは詭道の大成功でした。ただ、そのときにいけなかったのは、法制がしっかりしていなくて、軍隊を抑えることのできる将がいなかったということです。中央が出先の軍隊を抑えられない。あれが中央の意思としてやったことなら、見事なものです。当時の内閣が計画し、軍がそれに従ったのなら、外交的にも手を回して、もっとうまくやったと思う。

ところが、出先の軍隊がやったから外交が動かない。外交官の知らないことだったし、外交官は軍のやり口に反感を持ったわけです。だから、あれは惜しい詐術だったと思いますね。

能力は誇示しすぎず、隠しすぎず——谷沢

「能にして之に不能を示し」は「自分の能力を誇示するな」ということですね。能力のある者はそれを絶対に明らかにしないで、能力がないように見せるべきである。これはもう、組織の中に生きる人間の金科玉条です。

「彼にはこんな能力がある」と周囲から持て囃《はや》されるというか、本当は嫉妬されているわけですが、そんな人はダメだということです。日本でも「能ある鷹は爪を隠す」と言いますが、そ

れは隠すべきなのです。

たとえばある会社で、「ああ、あの会社は専務で持ってるんだ」と言われるようでは、その会社は先が見えている。つまり専務が独裁者になり、自惚れて、会社を自由自在に動かしている。会社にはその専務をチェックする機関が必要なのに、それがない。そんな場合、「あの専務で持っている」と言われたことを喜ぶようではダメだということです。とにかく「能ある鷹は……」なんですね。

これは敵を油断させるということです。次の「用にして之に不用を示し」も油断させることで、いわば詭道のひとつですね。

そうは言っても、自分を卑下して、控えめにしているだけというのも問題です。能力というものは、ときにははっきり示さなければならないと思います。ただ、示し方の度が過ぎるといけないわけで、チャンスがきたら適度に示せばいい。能力を示したために同僚を痛めつけるとか、抑えつけるという示し方はいけません。

私が思うに、能力はどんどん示したほうがいいと思います。能力を示すことに臆病な人は、最後まで臆病で通してしまう。臆病にならないためには、会議なんかの席で、何か大きな提案をしてみることが必要です。

ほとんどの人はここに書いてあるように、能力を誇示しないほうに傾きます。できるだけみんなから注目されないようにする。しかしそれでは、いくら経っても自分の能力を発揮して仕事をすることができません。自分で仕事をするチャンスを得るためには、能力を見せておかなければなりません。

もうひとつ言うと、能力には「やってみなければ分からない」という部分があります。いつも能力を勲章のようにぶら下げているわけではありません。だから、その人にどの程度の能力があるかを判断するのは難しい。それは、やらせてみなければ分かりません。だからこそ、チャンスがきたときはそれに飛びつき、自分の能力を示しておくことが大切だと思います。

能力というものは、いつも胸にぶら下げているのではなく、偶然の機会に発見されるものです。その偶然の機会を逃してはいけません。しかし出しゃばってはいけない。難しいところですね。

無能をよそおった大石内蔵助——渡部

これは古典的な例ですが、大石内蔵助という人はあれだけの能力を持ちながら、機会がなかったらだれもそれを知らなかったでしょうね。『忠臣蔵』を見れば見るほど、大石内蔵助の深慮遠謀が分かります。あの人は考えに考え抜いた偉い人です。

ふだんはボケたようなふりをしながら、討ち入りのときは四十七人を見事に統率して、しかも簡単に処刑されないように幕府にすべて手を打っています。あの注意深さは、並ではありません。島原で遊んだりして無能をよそおい、油断させたことになっていますが、おそらく本当に遊ぶのが好きだったのだと思います。また、それがあの人物の面白いところです。

遊びが好きな人は能力があると言われますが、日本の偉人を見てもみんなそうです。伊藤博文なども、本当に好きだったのだと思います。

信長は『孫子』を読んでいた――渡部

「佚《いつ》にして之を労し」は「自軍が安楽な状態にいると見せて敵を疲労させる」ことを言っているわけで、ソ連解体のときにレーガンが使った手ですね。アメリカは自分が強くて余裕があるから、どんどんスターウォーズ計画なんかを立てます。ソ連はそれに追いつかなければなりません。アメリカのほうには余裕がありますが、ソ連のほうはギリギリに労して崩れたという感じですね。

戦争で言えば、敵に攻めてこさせてこれを潰すという、たとえば長篠の戦いなどがそうですが、武田勝頼が出てきたのを信長・家康の連合軍が迎え撃つというのは、まさに「佚にして之を労し」たような感じです。

思うに、信長という人は『孫子』を読んでいたのか、『孫子』的なところがあります。強敵を相手にするときは、かならず佚をもって労を待つという謀《はかりごと》を用いていたように思うのです。信長は安土城を建てますが、あんなところになぜ大きな城を建てたのかというと、相手は上杉謙信だからです。

謙信は越後から攻めてきます。上杉との戦いで、信長はいつも野戦では負けている。ところが信長にしてみれば、京都に入る前に大きな城をつくっておけば、城攻めにかかっているうちに雪が降る。そうすれば越後とは切れるから、とにかく半年落ちない城をつくっておけばいいわけです。あとはなるべく立派にして、威張っていればいい。

三方ケ原のときもそうです。武田信玄が破竹の勢いで出てくる。連合軍の家康はしきりに援軍を求めますが、信長は動きません。あれはいかに信玄が戦の神様であろうと、長駆《ちょうく》してやってきた武田勢を京都近くで迎え撃てば絶対に勝てる、という自信があったからでしょう。

信長はこの佚と労という考えを、かならず持っていた人だと思います。『孫子』を読んだか読まないかは別です。いや、読んだでしょうね。

冷静な算盤で考える

【廟算《びょうさん》(計 四)】

【本文】 算多《さんおお》きは勝《か》ち、算少《さんすく》なきは勝《か》たず。而《しか》るを況《いわ》んや算無《さんな》きに於《お》いてをや。

【解釈】 得点の数が多ければ勝ち、得点の数が少なければ敗れます。まして得点のない者はまったく勝つ可能性はないのであります。

大事なことを計算しなかった艦隊派――渡部

「算多きは勝ち、算少なきは勝たず」。いい言葉ですね。「算」というのがいい。とにかく占いとか、天地神明に祈るだけではダメだということです。勝てるか勝てないか、算盤《そろばん》をたくさんはじいた人は勝ち、はじかない人は負けるということです。当時としては、兵術の基本ではないでしょうか。

これは戦国春秋のことですから、祖先を祭る廟《びょう》がどれほど強い力を持っていたかということです。ところが、それを断固として排するわけです。当時の習慣として、算盤はかならず廟でやることになっていたはずで、そこで算盤をはじけと言っている。

日露戦争のときに、東大の七博士が「戦争をやれ、やれ」と言っていました。それを聞きながら、山本権兵衛らの軍事プロたちは「いや、こっちは大砲の数を計算するんだ」と算盤をはじいていた。そんな発想です。あのときは、日本もよく算盤をはじいたと思います。中でも海軍は、トン数とか大砲の大きさとかがあるから、はじきやすい。

それで、よくはじいた人は第一次世界大戦後の海軍軍縮会議の軍縮案に賛成をしました。よくはじかない艦隊派の人たちはとにかくもっと軍艦をつくろうと息まく。ところが、つくれば相手はもっとつくるということを算盤にはじかなかった。アメリカの潜在工業力を算盤にはじかなかったし、日本の前提となる資源の乏しさも算盤にはじかなかった。それが大きかったと思います。

とにかく日露戦争は、始めるときはよく算《さん》しましたが、終わってからの日本は天佑神助《てんゆうしんじょ》になってしまった。あれはよくありません。

東郷平八郎は無謬の将軍ではない——谷沢

『孫子』の当時は、廟に祈ればご利益があるという常識が通用していた時代です。孫武はそれを木っ端微塵に粉砕してしまった。それだけでも、驚天動地のことです。

これは日本海海戦のときですが、この「算」のために憂き目を見た将軍がいます。それは海戦に秘められた嘘から始まっている。日本海で日露両軍の艦隊が出会います。バルチック艦隊の旗艦スワロフには司令長官のロジェストウェンスキーが乗っている。その舵のところに日本の連合艦隊の砲弾が命中して、スワロフは迷動します。

ところが海戦の難しいところは、味方の被害はよく分かるのですが、敵の被害が分からない。それで連合艦隊司令長官の東郷平八郎は、〈これはスワロフが日本の第一艦隊をすり抜けて、ウラジオストックへ行こうとしているのだ〉と判断し、「左へ回れ」と命令を下す。

ところが、第二艦隊の参謀長藤井較一が東郷の判断を無視して、「違う！　方向転換ではなく、あれは迷走しているのだ」と叫び、第二艦隊司令長官上村彦之丞に「わが艦隊は直行すべきです」と訴えます。上村は「分かった」と答えて、そのまま真っ直ぐスワロフへ突っ込んでいく。

これは大変なことです。間違っていれば、軍法会議です。

第一艦隊は北へ向かって大きく迂回している。軍艦はいったん方向を転換すれば、すぐにそれを修正することはできません。結局スワロフは沈没し、連合艦隊は大勝利をおさめます。したがってこの海戦の死命を制したのは、藤井較一と上村彦之丞ということになります。ところがこの二人は、顕彰されません。

二人を顕彰すれば、東郷が間違っていたことを天下に広めることになります。だから藤井は中将どまり、上村は大将どまりで、功績を消されてしまうわけです。こうして、無謬《むびゅう》の将軍としての東郷の名が残ることになるのです。

日露戦争では同じようなことが、他にもあります。旅順の二〇三高地で多くの兵士の無駄な血を流した第三軍の司令官は乃木希典、その参謀長は伊知地幸介で、この二人は乃木が伯爵、伊知地は男爵になります。

ところが、伊知地の無能のために殺した兵士の数は無数です。日本陸軍としては、聖将乃木を讃えるために、乃木は間違わなかったことにしなければならない。そこで間違いに間違いを重ねた乃木に伯爵を与え、無能以上の罪悪だと司馬遼太郎が言うほどの伊知地に男爵を与えています。つまり、まっとうな論功行賞は、すでに日本では行なわれなくなっていたのです。

本当の計算のできる人ほど疎外される――渡部

さらに日露戦争の話になりますが、当時、智謀湧《わ》くがごとしと言われた連合艦隊の首席参謀秋山真之も、バルチック艦隊が日本海に来るという自信が持てなかったようですね。事実、命令のあった日に開けという密封命令が出ていて、それには「北へ行け」と書いてある。

それを必死に止めたのが先ほどの第二艦隊の参謀長藤井較一です。この人ひとりで止めたと言ってもいいほど、がんばったらしい。

『坂の上の雲』の著者である司馬さんも、そのあたりのことは資料発掘が不十分で書いていません。連合艦隊の参謀長加藤友三郎が東郷に「津軽海峡へ行くんですか。それともここにいますか」と聞いたら、東郷は「ここにいる」と言った、となっています。東郷は、それで名を残すことになっています。

秋山真之は「もう行かなければダメだ」と言ったが、それを必死で止めた藤井較一という人の名は出さなかった。この人は、本当に計算のできる人だったようです。当時分かっているすべての資料に基づいて、かならずここに来なければならないと、最後にはたったひとりで秋山を止めています。この場合もそうですが、東郷に最終的な決断をさせた人の名は残っていませんね。

もちろん、その場で議論していた人たちは、みんな知っています。後に山本英輔（海軍大将）が海軍大学校の研究材料にしたいというので、藤井は晩年に真相を語ったのでした。

だからだれもが、東郷は神様みたいな判断力があったということを示すために、心をひとつにしていた。綿密に算盤をはじいて、合理的な根拠からバルチック艦隊はここにしか来られないんだと主張した人の功績は、表面の歴史からは消されてしまっています。先に述べたように藤井較一もやはり、中将どまりです。これを見ても、本当の計算のできる人は意外に評価されていなかった。むしろ、計算を間違った秋山真之のほうが顕彰されています。

『孫子』を読むと、とにかく全巻至るところ算盤です。先ほども言いましたが、日本は惜しいことに、日露戦争のはじめは算盤でしたが、終わりは神助になってしまった。陸軍の戦いを見ると、なぜ勝てたかが不思議です。これは天佑でも神助でもなく、クロポトキンが臆病だったから勝てただけのことでしょう。

冷静に事態を算盤で考えることができないというのは、現代に至るまで日本人の通有性なのかも知れません。ただここで、政策の根幹にかかわるところに実業で成功したような人が加われば、話は別だと思います。この人たちは計算をします。昭和の悲劇は、世界のことが算盤で分かる三井・三菱・住友という財閥に国の基本政策についての発言権がほとんどなかったということでしょう。

財閥が国家の政治に発言権を持たないというのは、シナ事変以降の日本だけです。財閥の知恵を使わなくても戦争ができる、などと考えた軍人の浅はかさは、まさに恐るべしです。アメリカやイギリスは、選挙で財閥の発言を反映するような体制になっていた。日本は選挙と無関係な人たちが政権を握りましたから、世界の情報がスムーズに入りません。あんな不思議な状況はないですね。財閥がありながら、政治に発言権があまりないのですから。

二、作戦篇

——最小の犠牲で最大の効果をあげる策の基本——

目的のためには金を惜しまない

【日《ひ》に千金《せんきん》を費《ついや》して、十万《じゅうまん》の師《し》挙《あ》がる（作戦　一）】

【本文】孫子《そんし》曰《い》わく、凡《およ》そ兵《へい》を用《もち》うるの法《ほう》、馳車千駟《ちしゃせんし》、革車千乗《かくしゃせんじょう》、帯甲十万《たいこうじゅうまん》、千里《せんり》に糧《りょう》を饋《おく》れば、則《すなわ》ち内外《ないがい》の費《ひ》、賓客《ひんかく》の用《よう》、膠漆《こうしつ》の材《ざい》、車甲《しゃこう》の奉《ほう》、日《ひ》に千金《せんきん》を費《ついや》す。然《しか》る後《のち》に十《じゅう》万《まん》の師《し》挙《あ》がる。

【解釈】孫子は言います、およそ戦争をする際の原則は、戦車千台、輜重《しちょう》車千台、武装した兵士十万人を整え、千里の彼方に食料を輸送するならば、国の内外での費用、外交使節などに要する費用、にかわや漆の材料から、戦車・甲冑などの供給で、一日に千金もの大金を要することとなります。こうして初めて十万の軍隊を動かすことができるのです。

軍艦を惜しんだ海軍軍人――渡部

「日に千金を費して、十万の師挙《あ》がる」――千金といえば莫大な金です。それだけ費やさなければ十万の軍隊を動かすことはできないということで、要するに戦争は金がかかるということです。

これは第一次大戦後、ドイツ軍の参謀長だったルーデンドルフが「総力戦」という概念をつくるまでは、あまり言われなかったことです。戦争は金がかかるとは知っていましたが、これほど明確には考えていなかった。

ポール・ケネディは『大国の興亡』という著書の中で、面白いことを書いています。イギリスがなぜ勝ち側にいたかといえば、それは税金が安かったからだというのです。イギリスには議会があるので、税金をとれなかった。だから国民に富があって、戦争を長く続けることができたというわけです。

それも一因ではあると思います。それから、フリードリヒ大王がなぜ七年間も戦争を続けることができたか。あれは当時のイギリスの首相だったピット（通称大ピット）が、フランスを抑えるために惜しみなく金をやったからです。

だから、金がなくては戦争ができないことは明らかですが、経済戦という形でそれを明確に言ったのは、やはりルーデンドルフだと思います。第一次大戦で、戦場ではすべて勝っているのに負けてしまった。それは金、つまり経済力だというのが、彼の実感だったと思います。

目的のためには金を惜しまないという精神が必要ですが、大東亜戦争ではケチケチと金を惜しみました。海軍の軍人がなぜあんなに臆病だったかというと、軍艦を沈めたくなかったからです。そういう人が多すぎた。

山本五十六も、最初のころは「長期戦になったら勝てない。乾坤一擲《けんこんいってき》だ」と言っていましたが、戦艦大和に乗ってからは変わったという指摘もあります。大和に乗ったら、この軍艦が沈むとは考えられないし、中は超豪華ホテルです。この船を戦火に晒《さら》すのは嫌だという気持ちがあったのかも知れない。

また、いまだに理解できないのは、ガダルカナル戦のとき、なぜ伊勢とか金剛という古い戦艦二隻をやったのかということです。あのとき大和や武蔵がダーッと出ていけば、アメリカ軍なんか全滅です。なぜ優れた軍艦を使い道がなくなるまで温存したのか、本当に惜しかったからだと思います。

レイテ湾の戦いのときも、命令は上陸軍を砲撃して潰すということでしたが、司令官の栗田健男中将はいったん突入しかけた後、軍艦が惜しいと言って帰ってきてしまった。そこには、マッカーサーもいたはずです。武蔵はすでに沈んでいましたが、大和をはじめまだ沈んでいない軍艦が惜しかったのです。すべてを失っても砲撃するのが目的の作戦だったのに、土壇場になって船が惜しくなって引き返したのです。マッカーサーをも砲撃で殺すことができたかも知れなかったのにです。

ミッドウェー戦にしてもそうです。大和が出ないのなら出ないでいい。それがなぜ何百キロも後ろからついて行くんですか。なぜ一緒に行かないんですか。そこには、大和を戦場に置きたくないという気持ちがあったと思う。

乾坤一擲、やるのなら全部使いきらなければいけません。ところが肝心なところで使わないで、最後に残った軍艦は、もう沖縄の特攻隊です。あんなバカな使い方をするなら、ガダルカナルで使えばいい。当時、あの海域に敵の戦艦はいなかったのです。死んだ子の歳を数えるようなものですが、やはり海軍の軍人には、「船を沈めたら、つくるのに金がかかるから大変だ」という気持ちがあったのだと思います。

軍艦の目的を見失った海軍――谷沢

渡部さんが言われるとおり、日本海軍は千金の蓄えを持ったがゆえに、それを放出できなかったということです。物神崇拝ではないにしても、軍艦の目的を見失い、軍艦に縛られてしまっています。

それと、それぞれの艦長の保身もあったと思う。自分が艦長のときに軍艦を沈めれば恥になると思った。

日本海海戦のときは、ただバルチック艦隊に勝つという相対的な勝ち負けが目当てではなく、バルチック艦隊のすべてを海の底に叩き込まなければ意味がないという絶体絶命の対決でした。だから日本のほうも、連合艦隊にどれだけ被害が生じようと止むを得ないと覚悟しなければならなかった。はじめから、そういう悲壮な気持ちでかかっている。

しかしそれ以後、日本海軍の体質が変わります。どれだけの数を揃えて艦隊を編成するかという計算に重点が置かれる。平時はそういう数合わせも当然でしょうが、この姿勢がいつの間にか固定してしまった。

現に戦争が進行しているのに、軍艦をいかに大切にするかという念慮が先に立つ。軍艦という手段が、目的に変質してしまう。軍艦を温存することを、優勢であると錯覚する。だれが言いだしたわけでもないのに、そういう「気分」が全艦隊を覆うようになったのですね。

すべての勝負はスピードが肝心

【兵《へい》は拙速《せっそく》を聞《き》く(作戦 二)】

【本文】故《ゆえ》に兵《へい》は拙速《せっそく》を聞《き》くも、未《いま》だ巧《こう》の久《ひさ》しきを睹《み》ざるなり。夫《そ》れ兵久《へいひさ》しくして国《くに》に利《り》ある者《もの》、未《いま》だ之有《これあ》らざるなり。

【解釈】ですから戦争では、拙《つたな》くとも速やかに勝って終結させるということは聞いておりますが、戦争が巧みで長い戦争を続けたというのはまだ聞いたことはございません。

時間をかける戦争、かけない戦争――谷沢

これは、ここにある名言で言い尽くしています。要するに、戦争は速戦即決と相場が決まっているが、戦争が巧みで長く続いたという話は聞いたことがない、ということでしょう。拙速は戦争の鉄則で、だらだらと長引く戦争というものはない。

ところが、信長は大坂の石山寺を攻めるのに、十年かかっています。これはまずい戦争だった。最後は朝廷に依存して、調停してもらっています。信長ともあろう者が、よくこれだけの長期戦をやったものだと、不思議な気がします。その一方で、長篠の戦いなどは武田勝頼を徹底的にたたいて、サッと兵を引き揚げている。ここでは、信長は拙速を尊んでいます。

だから孫子が言っている兵というのは、ドンパチとやる合戦のことだと思います。戦いそのものは尾を引いて、長く続きます。ときには、ゆったりと長い戦争をしなければならない。

信長は荒木村重を退治するのに、伊丹城を囲んで時間をかけましたが、その後がいけない。城の男子をすべて磔《はりつけ》にしています。あの戦争も時間をかけています。だから兵は拙速が正しいけれども、そうばかりはいかないということが言えるのではないか。

シナ事変を見ると、あの戦争が長引いたのは、陸海軍双方の幹部たちがすべて立身出世欲の塊だった。だから、国全体の運命とか勝ち負けなどを度外視し、この戦争で手柄を立てて勲章をもらおうと戦っていた、という気がします。

石油を止められても、そのことに気がつかなかった。気がついていたら、石油を絶たれていたときに手を上げているはずです。

それからもうひとつ、「ハル・ノート」の読み方です。これを絶体絶命の逃げ場のない文書として受け取った。外交文書というものはいろいろと駆け引きがある。それがまったく分からなかった。この純情可憐なやり口、これは日本の特色なのかも知れません。

外交というのは、要するに駆け引きです。はじめのうちはなかなか本音を吐かない。相手に何かを要求する場合、当初はかならず過大に持ち出す。突きつけられているほうは、それはあんまりだと押し返すのが当然です。そこで、双方が折り合うまで談判が続く。

このあたりの事情は、いつの時代にも共通しています。ハル・ノートの場合、その呼吸が分かっていなかったのですね。

最後通牒というのは、駆け引きが究極に近く煮詰まった状況においてしか実現しない。外交はねばり勝ちです。それを早呑み込みしたのが、戦争直前における日米交渉に際しての我が国だったと考えられます。

シナ事変が長引いたのは痛恨の極み――渡部

ここで私が思うのは、なぜシナ事変を半年で収めなかったかということです。日清・日露の戦いは二年かかっていないのです。

谷沢さんがおっしゃるように、たしかに軍人たちは功名手柄を狙って戦っていたわけですが、国内の近衛首相の周辺に集まっていた連中は、すべて天皇を帽子にいただいた社会主義者だった。彼らは日本を、天皇を担《かつ》いだ社会主義国家にしたかったのです。

そのためには、次々に法律を変えなければならない。ところが、戦争が続いていなければ法律は簡単に変えられない。だからシナ事変を続けさせて、その間に法律を変えてしまおうというわけです。昭和十三年からの法律を見ると、みんながみんな国家総動員法に連《つら》なる社会主義立法です。

相手がシナならば、こちらが攻められる心配はないのです。要はこの戦争の間に、日本全体を社会主義国家にしたかったということです。

のちに情報局次長になった奥村喜和男が、昭和二十五年に源泉徴収の制度を考えつきましたが、これほど税金をとりやすい方法はない。世界で初めてやったことだそうです。これは革命の代わりと言っていいでしょう。また家賃地代統制法は、家賃にも地代にもほとんど私有権はありませんよ、という意味です。これは戦争だからできたことです。戦争がなかったら、こんなバカな法律は通るわけがない。

一方、戦争のほうでは、兵隊たちがもう戦いたくないと思っているのに、上の人たちは従軍すれば位が上がる。元帥になるかも知れないし、ひょっとしたら男爵になれるかも知れない。これは、何も国のためではないのです。

谷沢さんから、ハル・ノートの読み方を誤ったという話が出ましたが、これも、「こんな文書がアメリカから来ました」と世界に公表してもよかった。外交畑の人は、あれを世界の記者団に公開して「こんな無茶な文書があるでしょうか」と言えば、アメリカにも反対が起こっただろうと言っています。当時のアメリカ人の大部分は戦争反対で、ルーズベルトは戦争しない公約で当選していたのですから、ハル・ノートの公開はアメリカの世論を動かしたでしょう。

しかもあの文書には条件が提示してあるだけで、期日の指定がありません。だから「シナ大陸から引き揚げます」と答えておいて、「引き揚げる状況にない」と引き延ばせばいい。ところが、それを最後通牒と読んでしまった。

実は、あれはハルが書いたものではないのです。いまになって分かったことですが、あれを書いたのは国務省ではありません。財務省のナンバー2であるハリー・ホワイトという男が書いたものです。

この男は後で分かったことですが、ソ連のスパイだった。パブロフというボスから「日本が呑めないような条件を書け」という命令を受けて、それをルーズベルトに出したら、ルーズベルトが気に入り、「これでいこう」ということになった。

だからあれは、ハルが書いたものではありません。ハルは「ハル・ノート」と言われるのを、ひどく嫌っていたそうです。

それはともかく、シナ事変を早く収めなかったのは、日本にとって痛恨の極みですね。南京を落としたときに止めればよかったのに、蔣介石が逃げたので武漢三鎮（武昌、漢口、漢陽の三市）まで落としてしまった。武漢三鎮というのは、大きな都市です。あと残っているのは、重慶、昆明などという山の中ですから、残っていてもどうということはなかった。

そこに汪兆銘という愛国者が現れ、こんなにいつまでも外国軍に占領されていてはいけないということで、日本と妥協した政権をつくった。フランスでペタンがつくったヴィシー政権のようなものです。

だから、日本にもう少し譲歩の観念があればよかったのですが、欲張りになったというか、引き揚げたがらない。あの欲張りは、まったく卑しいと思う。それも日本の官僚・軍部を動かしていた社会主義思想のためです。

日本陸軍には自動制御が欠落していた――谷沢

日本陸軍の体質ですね。進んでいるうちは、ここで止めておこうと言いだす者がいません。そういう合理的な判断を口にすると、敗北主義者だと非難される。

当時の言い方では、皇軍は無敵なのですから、いったん進攻の方針が立った以上、どこまでも行くべきだという建前が幅を利かす。当時の日本陸軍には、自動制御が欠落していたんですね。

過失の責任をとらない大蔵省――渡部

「兵は拙速を聞く」のあとにある「未だ巧の久しきを睹《み》ざるなり」ですが、シナ事変の場合、はじめから計画した戦争ではないから、終わりに対する見通しが立たなかったということもあります。しかし、日本が譲歩さえすれば、和平の話はいろいろとあった。これは日本にとって、まさに痛恨事です。

ところが、それを未だに学んでいないのが大蔵省です。総量規制というバカなことをやって、土地の値段が下がった。さらにいろいろと税金がついて、不況になった。不況になっても、「そのうち土地は上がるさ」と言ったが、上がらない。とにかく、どうにかしなければいけません。

どうにかするには、総量規制のときに導入した新しい税金を取り払うのが、まず第一歩です。ところが、取り払わずに五年間ほどずるずると来た。なぜ取り払わないかといえば、税制審議会のメンバーが同じで、導入した税制を取り払うのは面子《メンツ》にかかわるというわけです。こんなバカな話がありますか。

銀行もいくら大蔵省の管轄とはいえ私企業です。日本がずるずると悪くなって、これは大変なことになったと分かっています。だからすぐにも赤字決算をして不良債権を切りたかったのですが、大蔵省はそれを切らせなかった。

たとえば、仮に日本長期信用銀行に年間一千億円の黒字があれば、半分は配当などに当てられるとしても、半分は税金でとることができる。そのときに大蔵省は、銀行で赤字だと言っているにもかかわらず、「赤字は出すな」と命令しているのです。銀行は赤字なのに、命令どおりこれまでのように利益を出します。

これは、「血が流れて困った」と言っているのに、「血止めをしちゃいかん」と言うのと同じです。それで数年経ったら、銀行みんなが貧血を起こしているのに、大蔵省はその責任をとらない。結局国民の税金ということになった。長銀だけでも国民の負担は約三兆数千億円。

それに対して、アメリカはどうだったか。ロング・ターム・キャピタル・マネジメント（LTCM）がおかしくなって、新聞が問題にしたときにはもう処理は終わっている感じです。まさに電光石火です。

それはどこに違いがあるのか。日本の場合は潰れる心配のない官僚が主導権を握っているのに対して、アメリカの担当者はウォールストリート、日本で言えば兜町の出身です。早く手を打たなければ、経営問題が途轍《とてつ》もないことになるということを知りすぎるほど知っている人たちです。

つまり、いまの日本は拙速を知りません。住専にしても、あのとき兆という金を使って一挙にやるつもりだったら、いまの十分の一ぐらいで終わっていたと思います。みんな拙速じゃない。だから、いまの官僚制度、あるいは総量規制以後の日本の内閣に、シナ事変のときの日本を笑う資格はありません。

民間の会社なら潰れる心配があるから早く手を打ちますが、国家は潰れません。とくに公務員は、潰れないという前提でやっているからダメなんです。「下手なことを言ったら、役所を潰すぞ」と言えるぐらいでないと、ダメですね。

三、謀攻篇

——戦わずに勝つための手段——

むやみな戦いをせず勝つ法則

【戦《たたか》わずして人《ひと》の兵《へい》を屈《くっ》す（謀攻　一）】

【本文】是《こ》の故《ゆえ》に百戦百勝《ひゃくせんひゃくしょう》は、善《ぜん》の善《ぜん》なる者《もの》に非《あら》ざるなり。戦《たたか》わずして人《ひと》の兵《へい》を屈《くっ》するは、善《ぜん》の善《ぜん》なる者《もの》なり。故《ゆえ》に上兵《じょうへい》は謀《ぼう》を伐《う》つ。其《そ》の次《つぎ》は交《こう》を伐《う》つ。其《そ》の次《つぎ》は兵《へい》を伐《う》つ。其《そ》の下《げ》は城《しろ》を攻《せ》む。

【解釈】そんなわけで、百戦して百勝するのは、最高に優れたことではありません。戦わないで他国の軍を屈服させるのが、最高に優れたことであります。ですから、最高の戦争ははかりごとを未然に打ち砕くことであります。その次は敵国の同盟関係を破棄させて、孤立無援の状態に追い込むことであります。その次は敵国の軍隊と交戦することであります。最もまずい方法は、敵の城を攻めることであります。

共産圏は『孫子』に学んでいる――渡部

これは戦わずして勝つという『孫子』のメインテーマですが、二十世紀に入ってからこれをいちばんよく研究した集団が、共産党です。クラウゼヴィッツの『戦争論』を日本語に訳したのも、共産党系の人でしょう。その人も『孫子』を読みまくったはずです。もう、共産革命が成功すれば、戦争をしなくても勝ちなんです。

「上兵は謀を伐つ」というのは、現代で言えばイデオロギーの次元でやれよという意味でしょう。二十世紀、とくに七〇年代の世界は、このイデオロギーで引っ掻き回されました。その浸透度はすごい。これはキリスト教会にまで入ってきて、たとえば日本のキリスト教会などは、相当部分が反日団体に変わってしまった。

カトリック教会も、全員というわけではないですが、司教も加わった反日的な団体ができた。カトリックというのは、高等学校、中学校とたくさん学校を持っています。そこへ回状が行って、カトリックの学校で国旗を掲げ、「君が代」を歌わせることは止めるようにというわけです。

これは完全に左翼の影響です。キリスト教自体が、そんなことを言うわけがない。キリスト教の本場のアメリカにおいてだって、「星条旗をやめろ」とか「国歌を歌うのをやめろ」などという話を聞いたことがない。イギリスでも同じです。

日の丸は侵略の旗だって言いますけれども、侵略の旗でない一流国なんてひとつもありません。

とにかく、共産国は大きな戦争をしない。アメリカに蔣介石の顧問をやったウェデマイヤーという将軍がいますが、この人が共産軍は日本軍と戦おうとしないと言って、恨みつらみを述べています。共産軍は日本を敵としないで、蔣介石を敵にしているというわけです。考えようによっては、毛沢東は実にずるい。

だから左翼は、『孫子』のこのへんの戦術を勉強したに違いありません。前にキリスト教会の話をしましたが、日本のキリスト教徒の少なからざる人々がどこの国にいちばん親近感を持つかというと、北朝鮮と共産中国、要するにコリアとチャイナです。ソ連はもう解体したからダメです。あまり連帯していません。

だからコリアンとチャイニーズにものすごく近いキリスト教徒がいて、これはもうほとんど革命勢力です。考え方として皇室廃止の寸前まで来ている人もかなりいます。

共産革命は敵の崩壊を座して待つ――谷沢

日本のキリスト教団の話が出ましたが、日本には、純粋なキリスト教団というのは、ほとんどないに等しいと思いますね。

日本でキリスト教信者と言えば、キリスト教団か、内村鑑三のように個人が主宰している集まりか、教会か、この三種類のうちのいずれかだと思いますが、いずれも、自分たちが期待するほど日本の社会で待遇されていないという恨みつらみがある。それが日の丸反対などの例に表れるのではないでしょうか。

レーニンの場合もそうですが、要するに共産革命というのは、政府の側で勝手に崩壊しています。レーニンが倒したのではありません。軍隊を引き入れて、その軍隊に一斉蜂起させることによって革命が成功した。だからロシアの革命家たちは、ひとりとして闘争で死んでいません。内部闘争は別ですが、そうでない場合はすべて健在です。

毛沢東にしても、日本軍を引き入れて抗日戦争を起こさせ、日本に対する恨みつらみをつくりあげて、蔣介石に日本と戦わせ、二匹の虎が共に傷つくという状況をこしらえました。だから共産軍が延安を出るときは、ほとんど無傷です。

天安門で中華人民共和国を宣言するまでは八路軍と言いましたが、八路軍は本当に犠牲が少なかった。

もうひとつ、革命が成功するまで、毛沢東と蔣介石はたいへん仲がよかった。レーニンとトロツキーも親しくやっていました。すべては犠牲を少なくして、敵が勝手に崩壊するのをめざすというのが、レーニンが考えた革命の方式です。毛沢東しかり、カストロしかりですから、この「戦わずして」というのは、反体制派の戦いの典型なのでしょうね。

とにかく、敵を衰えさせることを考えるわけです。そのためには、敵がいちばん頼りにしている同盟関係を、いかに潰すかということを考える。当時は、同盟関係がたくさんありました。たとえば日英同盟もそうです。要するに、敵国が強力な同盟関係を持っていたら、それを潰して孤立させるわけです。

『孫子』はここで、敵を孤立無援の状態に追い込むと言っていますが、そうすれば、まさに戦わずして勝つことができるわけです。

城攻めをしてはならない

【攻城《こうじょう》の法《ほう》（謀攻　二）】

【本文】　攻城《こうじょう》の法《ほう》は、已《や》むを得《え》ざるが為《ため》なり。

【解釈】　敵の城を攻めるという方法は、やむをえない場合に行うことであります。

優れた武将は勝って得るものを考える――谷沢

これはシナでも日本でも同じことです。ひとつの城を攻めるためには、五倍の兵力が必要になります。それだけの兵力を使って、得るところは何もありません。

城攻めをしてはならないというのが、昔からの鉄則です。日本の戦国時代を見ても、優れた武将はあらゆる手練手管《てれんてくだ》を弄して、決して城を真っ正面から攻めてはいません。仮にその城を落としたとしても、何ひとつ効果はない。

戦争というものを一言で言えば、敵が外から受ける支援、あるいは宅地や田畑などをできるだけそのままの形で占領することにある。そうすれば、兵士の食料に不自由することはありません。したがって武将は、勝って何を得るかということを考えなければならないわけです。その観点からすると城攻めは愚の骨頂で、どうしても攻めなければならない場合もありますが、まずそれを避けるのが先決です。

孫子の言うところを守ったのが秀吉ですね。信長が美濃を攻めあぐねているとき、調略という方法を発案しました。攻めるべき城の内部に不平分子を探しだす。そして寝返りへ持っていく。美濃一国はほとんどこの手段で落ちました。秀吉の最高傑作は備中高松城の水攻めですね。

ただし、このような方法は秀吉のような天才にしかできないことかも知れません。城攻めはそれほど難しいことだと考えるべきでしょう。

城攻めに手を焼いた武将たち——渡部

いまの、どうしても攻めなければならない場合があるというお話ですが、日露戦争の旅順なんかの場合は、あそこを取らなければバルチック艦隊がそこに入るから、やむを得ないものがありましたね。攻め方の下手さ加減は別としてですが。

外交官の岡崎勝男は、前の戦争が真珠湾攻撃で始まっていなかったら、硫黄島で講和条約がありえたかも知れないと言っていますが、硫黄島の損害は、アメリカ人にとってショックだったと思います。

高くもない山がひとつあるだけで、あとは川ひとつない。そこをさんざん絨毯《じゅうたん》爆撃をして、艦砲射撃をして、それで上陸してみたら、死傷者は自分のほうが多かった。沖縄にしてもそうです。沖縄では最後のほうでバカなことに日本軍が総攻撃をやったから早く自滅しましたが、総攻撃をやらなければ広島に原爆が落ちた時点でも陥落していなかった可能性があります。総攻撃をやったから、一挙に力がなくなってしまった。

アメリカのあれだけ圧倒的な爆撃、砲撃に持ちこたえていたわけですから、城攻めというのがいかに難しいのかが分かります。

日本が城を落としたのは、旅順とシンガポール、それにフィリピンのコレヒドールですか。コレヒドールはなかなか落ちなかった。落ちないので、「バターン死の行進」みたいな変なことが起こってしまった。要塞というものは、落ちないものなんですね。

小田原城にしても、結局武田信玄も上杉謙信も落とせなかった。大坂城も、冬の陣で家康があのまま攻めていたら、徳川方の総崩れだったと思います。あのまま半年にわたって囲んでいたら、徳川恩顧の大名たちも離れていきます。だから家康は危ないと思って、サッと戦いをやめて外交交渉に切り替えた。さすが家康というところです。

家康がもう一年早く死んでいたら、二代目の秀忠にあんな手練手管はできません。大坂城は落ちなかったでしょう。原爆ができるまで、城というのはそれほど落ちにくいものだった。いま、城に相当するものは何でしょう。攻める側に金がかかって、犠牲が大きいもの……。これは思い当たるまで、考えましょう。

敵を知り、己を知れば負けることはない

【勝《かち》を知《し》るの道《みち》（謀攻 六）】

【本文】故《ゆえ》に曰《い》わく、彼《かれ》を知《し》り己《おのれ》を知《し》れば、百戦《ひやくせん》して殆《あやう》からず。彼《かれ》を知《し》らずして己《おのれ》を知《し》れば、一勝一負《いつしよういつぷ》す。彼《かれ》を知《し》らず己《おのれ》を知《し》らざれば、戦《たたか》う毎《ごと》に必《かなら》ず殆《あやう》し。

【解釈】そこで次のように言われるのです。敵国の様子をよく知っており、また自国の様子もよく知っていれば、百回戦っても危ないことはない。敵国の様子をよく知らないで、自国の様子をよく知っているときには、勝ったり負けたりする。敵国の様子を知らず、自国の様子も知らなければ、戦うたびに必ず危ない、と。

日本はアメリカを知らずに戦った——渡部

これは名文句中の名文句ですね。アメリカは日本と戦争をするようになってから、日本を知

ろうと一所懸命努力しました。ドナルド・キーンとかサイデンステッカーとか、みんなそうです。日本語の特別訓練を受けたんですね。

うちの大学に来た神父もそうでした。日本語をはじめ、日本のあらゆる研究をしていた。ところが日本のほうはかえって英語をやめるとか、英米の研究を抑えるとかしたのですから、やはり程度が低かった。

日露戦争の前の日本がロシアを知ろうとした努力から見たら、雲泥の差です。福島安正がシベリアを横断したり、間諜も、写真屋をやったりしながらたくさん入っていた。もう、満洲に骨を埋めるつもりで敵情を知ろうとした人が、たくさんいました。

ところが、前の戦争のとき、日本はアメリカをあまり知らなかった。参議院議員の安倍基雄さんが言っていました。戦後間もなくアメリカへ行って、摩天楼の並ぶ通りを歩いていたとき、「こんな国と戦争することを考えた先輩たちが憎い」と思ったそうです。

考えてみると、日本の陸軍はアメリカをほとんど研究していなかった。情報部も、陸戦隊もそうです。陸軍で最後に諜報を担当した堀栄三という人が言っていましたが、敵をいちばん知ろうとしたのはロシア課だそうです。ロシア課は日露戦争以来の伝統で、敵の状況を知ろうとしていた。

ところが陸軍のアメリカ課のほうは付けたりみたいで、ろくに研究していない。アメリカの海兵隊がどんなものかも分からない。アメリカの戦争の仕方も知らない。それでタラワ島、マキン島、クエゼリン島、ルオット島などが落ちてから、大慌てで始めた。アメリカは昔から、秘密でも何でもなく、海兵隊を使った戦闘の研究を大っぴらにやっています。

それを知った日本の陸軍は、敵が強いときは海岸線で守ってもダメだから、土の中に潜って戦えという方針を考えだして、南方の防衛につく人たちにそれを教えた。それを忠実に守ったのが、ペリリュー島とか硫黄島ですね。この人たちは、艦砲射撃を受けないように徹底的に潜って戦った。

ただ、その研究の採用がサイパンには間に合いませんでした。サイパンで硫黄島のようにやっていたら、おそらくサイパンはなかなか落ちなかったでしょう。硫黄島はろくに水もない硫黄の島だが、サイパンは珊瑚礁からできた岩石です。これを掘って硫黄島式に潜り込んだら、まだ国力があった時代ですから、半年続いたか一年続いたか分かりません。それがあっさり落ちて、B29の基地となり、日本中が空襲を受けることになって日本はガタガタにされてしまった。

要するに日本の陸軍は、アメリカと戦争をしていながら、アメリカの太平洋における陸上作戦をまともに研究したことがありませんでした。南の島で戦うことを研究していない。海軍はやっていたけれども、陸軍は敵を知らなかったわけです。ようやく知って間に合ったのは、ペリリュー島と硫黄島、それから沖縄だったといいます。それも戦術、つまり局地戦での戦い方だけの勉強だった。

世界を探る努力を放棄した日本陸軍――谷沢

先ほど、日露戦争以後、日本海軍の考え方が変わったと言いましたが、もっと根本から変質したのは日本陸軍です。彼らはとことん自惚れたんですね。

なにしろ、世界最強と謳われたロシアに勝ったというわけです。だから皇軍は世界無敵だという結論になる。

実際には、ロシア軍は負けていない。日本軍を過大評価して撤退しただけなのですが、日本軍はその事情を認めようとしなかった。そして無敵神話をつくり上げた。

それ以後、日本陸軍は世界の軍事情勢を探る努力をしなくなりました。無敵であることが大前提なのですから、情報は要らないというわけです。とくにアメリカに対する軽蔑はひどかった。ヤンキーは国民性として惰弱《だじゃく》であると、一方的に決め込んだわけです。

ですから、アメリカ軍の実情について観察しない。ごく常識的に考えて、日本陸軍は知るべきことを知らなかったと批判されるべきでしょう。

「フロンティア・スピリット」という言葉を知らなかった日本人――渡部

それではアメリカのほうはどうだったかといえば、日本の兵法というか戦術というか、とにかく戦う方法を徹底的に研究したのは勿論ですが、それ以外に、日本全体を研究しました。日本人とは何者かという研究をした。それだけ余裕があったわけです。

ところが、われわれが教えられたアメリカ人は、贅沢な生活に慣れているから、戦争で物資が乏しくなったら音を上げるということになっていた。これが、なかなか乏しくなりません。戦前、日本人は「フロンティア」という言葉を知りませんでした。「フロンティア・スピリット」という言葉を教えられたのは、戦後になってからです。西部劇を見れば分かるように、彼らには開拓者魂があって豪胆なんです。困苦欠乏に耐えて開拓している。

戦前、われわれは「フロンティア・スピリット」などという言葉を習わなかった。こんな研究さえしていない。勇敢な連中がたくさんいたことは漠然と知っていましたが、それを戦争と結びつけなかった。ところが、ある意味で彼らは日本人などよりも勇敢です。潜水艦、駆逐艦一隻で、日本の停泊地に殴り込みをかけてきたりする。

ドゥリトル爆撃隊などは航空母艦に爆撃機を乗せて、東京を爆撃してからシナの基地へ帰っていく。そんな離れ業は、日本のほうがかえって少なかった。アメリカ人はそんな具合に勇敢だということを、日本人は知らなかったのです。

これは山本五十六さえ間違えたことですが、勝ち目がない戦争だからこそ、出ばなでハワイに大打撃を与えてアメリカの意気を沮喪《そそう》させると言った。それが、結果はその逆になってしまった。それによって、アメリカ人は突然沸騰したわけです。火の玉になった。だから日本は、実に敵を知らなかった。真珠湾空襲のニュースを聞いて、すぐに軍隊に志願したアメリカの青年は三万人と言われます。『ゴッドファーザー』の主役になるマイケルも大学生で海軍に志願入隊したことになっています。

これは、日露戦争を勝利に導いた縁の下の力持ちが、出世コースに乗らなかったためだと思います。日露戦争では華々しいところだけが出世した。それ以外で報いを受けたのは明石元二郎ぐらいのものでした。彼は諜報で、最後は大将で男爵になりましたから、報いられたと言っていいでしょう。ただ、国民にそれは知らされなかった。大本営の日露戦争史にも名前が出なかったし、国民は、情報の重要性を知る機会がありませんでした。

アメリカがいちばん嫌ったのは、人員の損傷です。だから日本の潜水艦は戦艦なんかを無視して、兵士を満載した輸送船を沈めていればよかったのです。ところが潜水艦はいちばん難しい艦隊を標的にしたものだから、受ける被害も大きいし、輸送船は放っぽらかしになってしまった。

日本もガダルカナルのころ、遠くて輸送が大変だと言っていましたが、距離から言ったらアメリカのほうが遠い。輸送はアメリカのほうが大変なんです。それで潜水艦は何をやっていたかというと、軍令部が戦艦しか頭にないから、相変わらず軍艦だけ狙っていた。アメリカにとって痛いのは人員であって、船ではないのです。

日本の人員は一銭五厘の葉書で徴集できたが、アメリカでは事情が逆なんです。「彼を知り己を知れば」というのは、敵を知るだけではダメで、味方もよく知らなければならない。味方が欲しいのは物資だが、敵は逆なんだということです。レイテ湾で逃げ帰ってきた栗田艦隊は、レイテ湾の中にいるのが敵の機動部隊ではなく、標的は輸送船とマッカーサーなんだということを肝に銘じているべきだったのです。

輸送船を叩けばいいのに、司令長官は頭がコチコチだから、軍艦を沈めなければ気がすまない。戦艦大和で輸送船を沈めたって仕方がないと思っている。戦艦という兜首を取らなければ、戦功にならないという発想なのです。

四、形篇

――戦いのすがた――

優れた人物は目立たないところにいる

【不敗《ふはい》の地《ち》に立《た》ちて、敵《てき》の敗《はい》を失《うしな》わざる（形　二）】

【本文】 勝《かち》を見《み》ること衆人《しゅうじん》の知《し》る所《ところ》に過《す》ぎざるは、善《ぜん》の善《ぜん》なる者《もの》に非《あら》ざるなり。戦《たたか》い勝《か》ちて天下《てんか》善《よ》しと曰《い》うも、善《ぜん》の善《ぜん》なる者《もの》に非《あら》ざるなり。故《ゆえ》に秋毫《しゅうごう》を挙《あ》ぐるは多力《たりょく》と為《な》さず。日月《じつげつ》を見《み》るは明目《めいもく》と為《な》さず。雷霆《らいてい》を聞《き》くは聰耳《そうじ》と為《な》さず。古《いにしえ》の所謂《いわゆる》善《よ》く戦《たたか》う者《もの》は、勝《か》ち易《やす》きに勝《か》つ者《もの》なり。故《ゆえ》に善《よ》く戦《たたか》う者《もの》の勝《か》つや、智名《ちめい》無《な》く、勇功《ゆうこう》無《な》し。
　故《ゆえ》に其《そ》の戦《たたか》い勝《か》つこと忒《たが》わず。忒《たが》わずとは、其《そ》の措《お》く所《ところ》必《かなら》ず勝《か》つなり。已《すで》に敗《やぶ》るるに勝《か》つ者《もの》なり。故《ゆえ》に善《よ》く戦《たたか》う者《もの》は、不敗《ふはい》の地《ち》に立《た》ちて、敵《てき》の敗《はい》を失《うしな》わざるなり。是《こ》の故《ゆえ》に勝《しょう》兵《へい》は先《ま》ず勝《か》ちて、而《しか》る後《のち》に戦《たたかい》を求《もと》め、敗兵《はいへい》は先《ま》ず戦《たたか》いて、而《しか》る後《のち》に勝《かち》を求《もと》む。

【解釈】 勝利を見抜くのに、世間の人誰《だれ》もが知ることができるようなものでしかないのは、それは最高に優れたものではありません。戦って敵に勝って、天下の人々がすばらしいと言ったとしても、それは最高に優れたものではありません。ですから、人々は動物の毛先を持ち上げたとしても力持ちとはしませんし、太陽や月が見えるからといって、すばらしい目を持っているとは言いませんし、雷のとどろきを聞いたからといって、すばらしい耳をしているとは言いません。昔のいわゆる戦争の上手な人は、勝ちやすい態勢で勝った者であります。ですから戦争の上手な人が勝っても、その智謀が優れているという評判もなければ、武勇による功績もありません。

　ですから彼が戦いに勝つことは間違いがありません。間違いがないとは、彼の行う方策が必ず勝つということであります。すでに敗れてしまっているところに勝つのでありま す。そこで、戦争の上手な者は、絶対に敗れないという立場に立ち、敵の敗れる機会を逃さないのであります。そんなわけで、戦争で必ず勝つ兵はまず勝つという立場に立ってから、その後に敵に戦いを求め、戦争で敗れる兵はまず戦いを挑んで、その後に勝利を求めるのです。

目につきやすい功績は、真の功績にあらず――谷沢

「戦争の上手な者は、絶対に敗れないという立場に立ち、敵の敗れる機会を逃さないのであります」――ちょっと分かりにくいですけれども、ある注釈書に、こんな話が書いてありました。

　最近、銀行強盗が流行っている。強盗が入ってきて、それを勇敢な社員が捕まえた。それは

実に立派なことだと、その社員は表彰された。しかし、はたしてそれが本当に喜ぶべきことであろうか、というのです。

銀行強盗に入るには、たいてい下見に入っている。その銀行の守りが堅固だったら、強盗は「これはダメだ」と思って、おそらく諦めるだろう。その結果として、銀行は無事である。そのように持っていける支店長が、実は最高の存在である、というのです。「故に善く戦う者の勝つや、智名無く」というのがこれでしょう。

どんな会社でもそうです。実際、その人が会社を支えているような立派な人がいるものですが、その人は持て囃されない。一方に、パフォーマンスが好きな社員がいて、そんな類のことを喜んでやる。世間ではみんな「彼は優れている」と言うけれども、本当は優れているのではない。むしろ目立たないところに、優れた人物がいるのだということです。企業であれ、学校であれ、どこにでもそういう人がいますね。

勝って当たり前のような勝ち方をしているから、目につかないということで、大石内蔵助がまさにその標本です。ここにあるところの「戦争の上手な人が勝っても、その智謀が優れているという評判もなければ、武勇による功績もありません」というのは、つまり目につきやすい功績は、真の功績にあらずということです。

勝つか負けるか予断を許さないというような、鍔迫り合いの決戦に持ち込んで、奮闘のすえ辛うじて勝ったという場合、その指揮者を名将と言えるか、という問題があります。答えは、否、です。本来あるべき名将は、事態をそのような危機に持ち込む以前に、敵が戦いを挑んでくる余地のない状勢をつくりあげるでしょう。

だから、名将に赫々《かくかく》の武勲なし、というのです。

表れない名将の名——渡部

谷沢さんがおっしゃるとおりで、浅野内匠頭《たくみのかみ》が松ノ廊下で刃傷沙汰を起こすまで、赤穂藩はよく治まっていたと思います。そうでなければ、四十七人もの人があれだけ固まりません。潜在的な能力の持ち主は、昼行灯《ひるあんどん》と言われていた。それが幸せというものの形で、平時の赤穂藩は勝っているわけです。

だから、戦争をするときは、必勝でなければいけないということを言っています。破れかぶれの戦争をして、後に勝ちを求めるというのはダメです。

たとえば「『トヨタ』に有名な経営者なし」と言われる。「トヨタ」は結果的に勝ちまくっています。おそらく偉い人がいろいろとやっているから、競争に勝ち抜いているし、アメリカでも勝っているのだと思う。ところが、「トヨタ」の英雄みたいな人物は出てきません。たしかに社長の名前は出ますけれども、名デザイナーとか名プランナーといった名参謀はいるに違いないのに、われわれが名前を知るような人は出てきません。「ソニー」でも井深大、盛田昭夫といった名前は出ますが、あれだけの企業を二人だけで成功させているわけがない。次々に商品を成功させた人がいるはずなのに、それが分からない。「シャープ」にしたって、液晶を研究し続けた人がいたわけだし、カメラをデジタルにしようとした人もいた。その名前が分かっていない。

危なげなくやっているところには、かならずそういう人がいる。これはすごいことです。プロイセンの参謀本部で言うと、プロイセン―オーストリア戦争で勝ったときでさえ、前線の司令官の中には、モルトケの名前を知らない人がいた。さらにフランスにも見事に勝って、世界中で「あれはだれだ」ということで有名になりましたが、よく戦っているときはモルトケは無名だった。無名だったからこそ、勝てたのかも知れません。

勢いに乗ることが勝利の鉄則

【積水《せきすい》を千仞《せんじん》の谿《たに》に決《けつ》するがごとき（形　四）】

【本文】故《ゆえ》に勝兵《しょうへい》は鎰《いつ》を以《もつ》て銖《しゅ》を称《はか》るがごとく、敗兵《はいへい》は銖《しゅ》を以《もつ》て鎰《いつ》を称《はか》るがごとし。勝者《しょうしゃ》の民《たみ》を戦《たたか》わすや、積水《せきすい》を千仞《せんじん》の谿《たに》に決《けつ》するがごときは、形《かたち》なり。

【解釈】こういうわけで、戦争に勝つ軍は、鎰《いつ》（約三百二十グラム）の重いおもりで銖《しゅ》（約〇・六七グラム）の軽いおもりを量るようなもので、敵は相手にもならないのであります。これに対して、戦争で敗れる軍は、銖の軽いおもりで鎰の重いおもりを量るようなもので、敵をどうすることもできないのであります。戦で勝利する者が民衆を戦わすのは、たとえると、満々と蓄えた水を一気に深い谷底へ落とすようなもので、これが戦争をする際の形であります。

ヒトラーは『孫子』を読んでいなかった——渡部

日本は戦争に負けましたが、はじめの勝っているころはこんな感じでした。もう、世界史始まって以来の馬力で、ハワイを攻撃し、シンガポールを落とし、インド洋作戦を敢行した。日本はどこまで強いんだと、日本人も驚いたし、世界中も驚いた。

ところが、昭和十九年以降になると、アメリカがこんな感じでした。それ以後日本は負けつづけて、アメリカの厖大《ぼうだい》な数の戦艦が、航空母艦が、飛行機がダーッと襲ってきて、一挙に土俵際まで寄り切られてしまった。

日本の場合、最初の勢いは本当にすごかったわけですが、その勢いを潰してしまったものがある。ミッドウェーです。アメリカはあれから立ち直って、その勢いのまま最後まで行ってしまった。

ヒトラーもいまになっては後の講釈になりますが、あれだけ勝ちまくっているときに、なぜ戦車師団をコーカサスなどに回したりしたのか。あのまま夏のうちにモスクワ、レニングラードに突入することができた。そうすればモスクワ、レニングラードは一〇〇パーセント落ちていました。あれは冬になったから、落ちなくなってしまった。何でも数十年来の寒気で、機関銃の潤滑《じゅんかつ》油まで凍ってしまった、とモスクワ作戦に加わったことのあるドイツ人に聞いたことがあります。

つまり、勢いに乗らなかったということです。勢いを止めてしまった。だから前線では「どうして？」ということになる。ヒトラーにすればいろいろと理屈はありますが、やはり勢いに乗ってモスクワを取れば、その奥はありません。モスクワを取らなかったのは、決定的失敗だったと思います。

これを逆に言えば、ヒトラーは守ってはいけません。勝ち目のないところでがんばらずに、スターリングラードからさっさと引き下がるべきでした。将軍たちは『孫子』を読んでいたかも知れないが、ヒトラーは読んでいなかったと思います。

これは教養の問題でしょう。ヒトラーは絵描きくずれで、兵士になり、あとはワーッと上りつめてしまった。彼のものすごい人種差別論を見ても、じっくりと教養の本などを読んでいないはずです。軍事のことは将軍たちよりもよく知っていた面もあるようですが、あの人種差別観から言えば、東洋人はユダヤ人よりも下ですから、シナ人の本は読まなかったと推定したい。

四千の兵が一万五千の兵を破った鳥羽・伏見の戦い――谷沢

勢いに乗るというのは大切なことです。勢いに乗っているという自覚が大事です。自覚が大事だと言うのは、せっかく勢いが来ているのに、それを自覚しない場合もある。

勢いに乗った典型的な例は、鳥羽・伏見の戦いでしょう。官軍側、つまり薩長側は四千人ぐらいしかいません。一方の幕府側は鳥羽街道から大坂城まで、延々と一万五千人の長蛇の陣を敷いて、さあ戦です。

だれもが薩長側の負けだと思った中で、端然としていたのは大久保と西郷だけだった。つまり大久保利通と西郷隆盛の二人は、自分たちが勢いに乗っていることを考え、勝てるはずのない戦争でも勝てると思っていたわけです。

こうして戦争が始まったら、謀略家の岩倉具視はゴロリと寝てしまった。これは演技だと思います。そのとき若い公家がいたずらで「負けました、負けました」と言うと、岩倉は「そうか、それではオレは逃げなければならない。後のことはよろしく頼む」と言ったというので、みんなはその度胸に感心したという話があります。

このときの戦争では、結局、幕府側に戦う気力がなかったわけです。だから薩長側は十分の一の兵力で勝つことができた。ただ、ここで傑作なのは、幕府側で戦端を開くことに決まっていた先鋒隊の井伊家と藤堂家のうち、真っ先に井伊家が寝返り、それから藤堂家も続いて寝返った。だから薩長側は勝つことができたわけです。

要するに勢いというものは、それだけの値打ちがあります。この勢いに乗ることがいかに難しいかは、かなりの策謀家でないと理解できないのかも知れません。しかし結果として薩長側が一挙に幕府側を蹴散らすわけで、ここの「勢い」というのは、それを言っているのだと思います。

面白いのは、その勢いをつけるための知恵者がいて、錦の御旗というのを考えだす。これを考えだしたのは、大久保利通だそうです。大久保が某国学者に頼んで、西陣の帯を買ってくる。その帯を適当に裁断して、錦の御旗をつくったということになっています。

当時の人は『太平記』なんかを読んでいるから、錦の御旗を見たことはないけれども、知ってはいる。だから錦の御旗だと言われると、「朝敵にはなりたくない」という気持ちになります。

こうして、幕府側は戦う気力をなくしてしまう。いちばん戦う気をなくしたのは徳川慶喜で、慶喜が大坂城から脱出し、日本の国を二分する内戦にならずにすんだわけです。

五、勢篇

――「形」を「動」に転ずること――

節目は瞬時に行なう

【激水《げきすい》の疾《はや》くして石《いし》を漂《ただよ》わす（勢 三）】

【本文】激水《げきすい》の疾《はや》くして石《いし》を漂《ただよ》わすに至《いた》る者《もの》は、勢《いきおい》なり。鷙《し》鳥《ちょう》の疾《はや》くして毀《き》折《せつ》に至《いた》る者《もの》は、節《せつ》なり。是《こ》の故《ゆえ》に善《よ》く戦《たたか》う者《もの》は、其《そ》の勢《いきおい》険《けん》に、其《そ》の節《せつ》短《たん》なり。勢《いきおい》は弩《ど》を彍《は》るがごとくし、節《せつ》は機《き》を発《はつ》するがごとくす。

【解釈】流れをさえぎられた水が勢いよく流れて石までもただよわせるに至るのが、勢いであります。猛禽がその飛ぶ速さで獲物の骨を折るに至るのが、節目であります。そんなわけで戦争の上手な者は、その敵を攻撃するときの勢いは激しく、その攻撃をするときの節目は瞬時であります。その敵を攻撃するときの勢いは、ちょうど弩を引き絞るようであり、節目は引き金を引くときのように瞬時に行うのであります。

「激水」の疾さを感じる真珠湾攻撃――渡部

ここは、すべて名文ですね。やはり、ものは勢いだということです。「敵を攻撃するときの勢いは、ちょうど弩《ど》を引き絞《しぼ》るようであり」——そんな矢に匹敵する勢いといえば、真珠湾攻撃のときの日本軍の艦隊がそうだったと思います。あれは練りに練った戦争だった。艦隊が大集団で密かに出撃したのは、千島の小さな島でした。

ルーズベルトは日本艦隊の動きを知っていたという説もありますが、当時、戦争が起こるということは電報とか何かで大体分かる。ただ、ハワイに来ることは分からなかった。そんなことができるとは思わなかった。

だから彼が警戒警報を出したのは、フィリピンとウェーク島と、それからミッドウェーまでです。この地域では臨戦態勢で、怪しい船があったら攻撃してもよいと言っている。ただ、ハワイに来るとは思っていなかった。

アメリカ側でさえ思いつかないことを、日本人にできるわけがないという思い込みがあります。せいぜいフィリピンあたりに上陸するのではないかという程度だった。

何しろ、世界最初の大機動部隊です。あんなものを考えついたのですから、日本人も捨てたものではありません。アメリカは物資がありますから、後でこれを真似ました。後にも先にも、機動部隊をつくったのは日本とアメリカしかない。いまの中国はいろいろ軍備拡張をやっていますが、まだ航空母艦一隻つくることができません。

日本軍は負けたから欠点が目につきますが、部分的に見れば、実に壮大なことをやっています。これは山本五十六という軍人一人の意志です。この案を通さなければ連合艦隊を辞めると言ったので、軍令部が許可したという曰《いわ》くつきです。

ただあのとき、機動部隊の他に連合艦隊も一緒に出ていったらどうだったでしょう。大和や長門がハワイを艦砲射撃する。連合艦隊はあまりに強すぎて、その強さが分からなかった。だから後で考えれば、あのとき奇襲などする必要はなかったとも言われています。それは終わってから分かったことです。

とにかく敵機が舞い上がってこようと、当時の零戦相手にアメリカの戦闘機では話にならない。私はあの機動部隊に、「激水の疾くして」という勢いを感じます。

それから巻き返してきたときのアメリカ軍の勢いはすごかった。また、ヒトラーの電撃作戦もすごかった。パリへ攻め入るときなど、夢のような速さでした。

敵を誘《おび》き出して撃つ

【善《よ》く敵《てき》を動《うご》かす者《もの》は（勢　五）】

【本文】故《ゆえ》に善《よ》く敵《てき》を動《うご》かす者《もの》は、之《これ》を形《かたち》すれば敵《てき》必《かなら》ず之《これ》に従《したが》い、之《これ》に予《あた》うれば敵《てき》必《かなら》ず之《これ》を取《と》る。利《り》を以《もっ》て之《これ》を動《うご》かし、卒《そつ》を以《もっ》て之《これ》を待《ま》つ。

【解釈】ですから、巧みに敵を誘導する者が、すきのある形を敵に見せると、敵は必ずその形に応じて動き、敵に何かを与えようとすると、敵は必ずそれを取ろうとします。巧みな者は利をもって敵を誘導して、軍隊をもって待ち伏せて敵を撃つのです。

秀吉の誘導にはまった勝家――谷沢

これは「兵は詭道なり」の典型のようなものでしょう。要するに計略を使えということで、敵が自ずから動いてくれて、味方のもっとも有利な態勢にはまり込んでくれることを期待するわけです。そのためには、敵のほうに動いてもらわなければならない。だから、敵が動くような仕掛けをする。

敵が期待しているような方向で、こちらに弱みがあると見せかける。ただし計画してのことだから、本当の弱点ではない。実際には逆なんですね。そこへ敵に進攻して欲しい。それがすなわち、誘導です。

そこまで意図しての場合ではなくても、敵が調子に乗って、こちらが望んでいる形で攻めてくれるのを待つという手があります。

賤ケ岳の戦いがその代表的な例でしょう。柴田勝家と羽柴秀吉の対決なんですが、秀吉はわざと戦場から離脱して本拠地へ戻ります。秀吉がいないと分かったものですから、柴田側に動きが生じた。中入りと呼ばれている戦法で、敵の陣の中心部へ兵を動かすのです。岐阜で待ち構えていた秀吉は、瞬息《しゅんそく》の呼吸で大軍を動かして戦場に駆けつけ、中入りの成功で油断している柴田軍を叩き、勝利を決定的にします。

結果として、うまく誘った効果です。孫子が言っているとおりになったわけです。

チャーチルの誤算は、日本が想像以上に強かったこと――渡部

この前の戦争の直前に、日本はなぜ南仏印（現在のベトナム）に進駐したかといえば、アメリ

カが石油を売ってくれないからです。残っているのはオランダ領の東インド諸島（いまのインドネシア）ですが、オランダは英米に言われているから売ってくれない。あとは、もう戦争しかないのです。

一方のルーズベルトは、どうしても戦争をしたかった。景気を回復するいちばん簡単な方法は、戦争をすることです。ただ、前の選挙のとき、「みなさんの子弟を戦場へは送りません」という公約で当選している。アメリカ人にしてみれば、第一次大戦では多くの死傷者を出したのに、何もいいことがなかったから、もう戦争はいやだったのです。

ルーズベルトはそこを何とか、戦争にしなければならない。そのためには、戦争をせざるを得ない状況に持っていくしか手がない。また、ドイツと戦って危ない目に遭っているイギリスも、アメリカに参戦してもらいたい。第一次大戦のときはドイツのほうが潜水艦で無差別商船攻撃をやってくれたので戦争の口実がありましたが、ヒトラーは用心深くてそれをやらない。

そこで考え出したのが、日本を戦争に引き出せばいいということです。これはチャーチルの考えだという説がありますが、説得力があります。チャーチルの著書『第二次大戦回顧録』にも、「真珠湾に爆弾が落ちたと聞いたときに、私は久しぶりで、深い、安心した、救われたものの眠りに陥った」などと書いています。

ただチャーチルの誤算は、日本が想像以上に強かったことです。マレー沖でプリンス・オブ・ウェールズ、レパルスという大型戦艦二隻が撃沈された。そしてシンガポールが簡単に落ちた。さらにインド洋で自慢の巡洋艦や航空母艦が轟沈《ごうちん》です。これでイギリスは、植民地をすべて失うという状況に至るわけです。

日本がそこまでやれるとは思っていなかった。ただ、日本を戦争に引き込めればいいぐらいに思っていたに違いありません。だからチャーチルはプリンス・オブ・ウェールズが沈められたとき、フィリップス提督に「あれほどがっくり気落ちしたことはなかった」と言っています。

たしかに日本を戦争に引き込むことには成功しましたが、それがまた思いがけないことを招きますよ、という教訓ですね。あのときイギリスが日本と仲良くしていれば、大英帝国も大日本帝国も無事だったかも知れない。オランダに「石油を売ってやりなさい」と口をきいてくれたり、蔣介石に武器を送るのをやめたりしていれば、話はまた別だったでしょう。

これを逆に言えば、イギリスの「兵は国の大事」で日本を戦争に引き込んだために、大英帝国が雲散霧消することになったわけです。

六、虚実篇

——「実」で相手の「虚」を衝く——

目に見えない、無形の力を持つ強さ

【兵《へい》を形《かたち》するの極《きょく》は、無形《むけい》に至《いた》る（虚実 六）】

【本文】故《ゆえ》に兵《へい》を形《かたち》するの極《きょく》は、無形《むけい》に至《いた》る。無形《むけい》なれば、則《すなわ》ち深間《しんかん》も窺《うかが》う能《あた》わず、智者《ちしゃ》も謀《はか》る能《あた》わず。形《かたち》に因《よ》りて勝《かち》を衆《しゅう》に錯《お》く。衆《しゅう》知《し》る能《あた》わず。人皆《ひとみな》我《わ》が勝《か》つ所以《ゆえん》の形《かたち》を知《し》りて、吾《わ》が勝《かち》を制《せい》する所以《ゆえん》の形《かたち》を知《し》る莫《な》し。故《ゆえ》に其《そ》の戦《たたか》い勝《か》つに復《ふたた》びせずして、形《かたち》を無窮《むきゅう》に応《おう》ず。

【解釈】そんなわけで、軍の形を取るうえでの最高のものは、形をなくすことであります。形をなくせば、深く侵入した敵の間者（スパイ）も、軍がどのような作戦・計画を持っているのかを窺い知ることはできず、敵の智恵者も対策を立てることはできません。我々は敵の表した形によって多数の敵から勝利を得ることができますが、多数の敵はそれを知ることができません。敵は皆、我が軍が勝った形を知ってはいますが、我が軍が戦う前にすでに勝ちを制していた形を知らないのであります。ですから戦いに勝つ前と同じ形を二度と取ることはなく、その形は敵のあらゆる変化に応じて生まれるのです。

見えてこないユダヤ人財閥の力――渡部

ここに書いてあるのは、近代史におけるアングロ・サクソンとユダヤ人の関係とそっくりです。近代になってからの戦争は、結果的にすべてアングロ・サクソン系が有利なんですが、なぜ有利なのかは表に出ないのであまり分からない。

たとえばイギリスとドイツが戦争をします。そのときわれわれの目に見えているのは、イギリス政府とヒトラーの政府、あるいはその同盟関係です。ところがその後ろで、どれほどのユダヤ人の組織が動いたかが分からない。アメリカを参戦へと駆り立てた大きな要素が、ユダヤ人の財閥だったことは明らかです。

まず、第一次大戦のときに、アメリカがなぜイギリスやフランスの側についたか、考えてみましょう。大戦前に、ドイツはフランスと戦って勝ち、莫大な賠償金のせいであまり借金がなかった。ところがイギリスやフランスには借金があった。このままイギリスやフランスがドイツと戦って負けると、金を貸しているアメリカの財閥が借金を回収することができません。

ドイツが潰れる分には、金を貸しているイギリスやフランスが勝つことになるので、取り立てることができます。その結果、アメリカが動いた。アメリカを動かすのは難しいので、さまざまな情報を流します。ユダヤ系は多くの通信社やマスコミを動かしていますから、お手のものです。こうしてアメリカを動かし、いつの間にか雰囲気を参戦へと持っていったという見方が成り立つわけです。

第二次大戦にしても、アメリカはなぜあれほど参戦したがったか。理由はいろいろあるでしょうが、ドイツがユダヤ人を迫害しているので、世界中のユダヤ人が必死でドイツの敵を応援したに違いありません。

また、第二次大戦で連合軍が勝った理由のひとつに、暗号解読があります。この戦争で暗号解読は大きく進歩した。その暗号解読の天才と言われているのが、ほとんどユダヤ人です。こんなことは表面に見えてきません。その表面に見えてこない力を「無形に至る」と言うのだと思います。

これは戦略の極致です。その目に見えない力を、はたして日本がどれだけ持てるかといえば、ほとんど持てない気がします。

あるいは、こんなこともあります。現在、マラッカ海峡に海賊が出没している。その海賊を止めるいちばんいい方法は、日本の船に機関銃を載せることかも知れない。ただ、マレー半島の根っこにクラ地峡という狭いところがあります。これはパナマよりも狭い。ここに運河を掘れば、どうということはありません。マラッカ海峡の、海賊の巣のような狭いところを通る必要がなくなります。

それがなぜできないか。この運河の話が何度も出るのに、まとまりかけるとフワッと消えてしまう。なぜかといえば、それを掘られるとシンガポールが浮いて、あまり意味がなくなってしまう。シンガポールは、中国系の東南アジアにおける作戦本部みたいなものです。だから、華僑がタイ、マレーシア、インドネシアなどの財閥を動かして、その計画を消させているんじゃないかという説もあります。

目に見えない力の効果――谷沢

形となって表面に現れない戦いの実相についてのお話ですね。孫子の時代、これ見よがしに軍勢を備えるのはよろしくない、と教えているのでしょう。軍は強くなければならないが、それはあくまで潜勢力として保持する必要がある。

また戦争で勝ちを制するのは、激戦によってのみと考えてはならない。敵がとても戦えないと見切りをつけるように持っていくのが、本当の勝利である、と指摘しているわけです。目に見えない力の効果については、深く考えを致すべきであると痛感します。

日本を世界の財閥が住める国に――渡部

だから、目に見えない、無形のものを持たなければいけないのです。この無形、無窮の要素を、日本がどれだけ持てるかが、これからの問題だと思います。

そこで私はしばしば言っているのは、日本が税金を思いきり安くして、世界の大財閥の一族、まあユダヤ人でもそうじゃなくてもいいのですが、そんな一族の何人か、何十人かが日本の国籍を取りに来るようにしたほうがいいということです。一族が日本の国籍になっていれば、彼らの投資や遺産が税金で無くなるということはありません、という日本の姿勢が歓迎されます。しかも、世界中に散らばっている一族が動きます。

これは日本に実害がない。日本人にとっても安い税金はありがたいわけですから。とにかく、彼らが日本にやってこれる条件をつくるかどうかです。ともかく鍵は税制でしょうね。相続税をアメリカよりも安くするとか、全廃するとかだけでいい。

これをやらないと、日本のような国は作戦勝ちができません。無形にして無窮の作戦を練ることができない。

いちばん早くユダヤ人を取り込んだ国は、イギリスです。十九世紀後半にすでに、ユダヤ人ディズレーリが首相になっています。そうすると世界中のユダヤ人がこれを応援する。彼は宗教的にはユダヤ教ではなくて英国国教会ですが、世界中のユダヤ人の形のない無数の情報網を持っている。

イギリスはパッとスエズ運河を買いました。あれはディズレーリが首相のときに、ロスチャイルドが晩餐に招いてささやいたのです。言うまでもなく、ロスチャイルドはユダヤ系の財閥です。

「パリのロスチャイルドから連絡があったが、スエズ運河が売りに出ている」

「よし、すぐ買おう」とディズレーリ。

しかし、議会は休会中です。金はどこから出るか。

「貸してくれ」——それで、ポンと買ったわけです。

こんなことは、ディズレーリが後で言ったから分かっていますが、黙っていたら敏速な決断の源は分かりません。似たようなことは、世界にたくさん起こっているでしょう。

これは言わば、スパイ行為の一種です。スパイというのは無窮にして無形、無形にして無窮です。世の中には、訳の分からない人物がたくさんいます。口先だけで、相場を動かしている者もいる。ちょっと口をきくだけで為替《かわせ》相場は一、二円はすぐに動く。

一円と言いますが、それだけでたちまち百万円、一千万円がもうかります。ところがそのとき、どんなふうに口が動いたかは分からない。

イギリスでは、こんなスパイ物語が盛んです。あの国は大陸からちょっと離れていて、長い間スパイで持っていたようなところがあります。

二重スパイ、大いに結構——谷沢

ディズレーリの例は、まさにスパイ行為です。とにかく孫武という人は、スパイを大切に扱っています。

スパイというのは無形の存在ですが、もうひとつ、孫武は敵のスパイを手なずけて味方にしろと言っている。スパイというのは永遠の宿命として、二重スパイにならざるを得ないところがあります。

つまり、相手から何かの情報をもらおうとすれば、その見返りとして味方の情報も提供しなければならない。つまり味方の陣営の情報を売って、相手の貴重な情報をもらい、それを味方の陣営に売る。だから宿命的に、二重スパイにならざるを得ない。その二重スパイにしようとスパイを優遇して、味方に抱き込んでしまおうというのが、『孫子』の考え方です。

スパイといえば汚らしいものと、顔をそむける場合が多いようですが、孫武はそういう通俗的な固定観念から脱けだしています。敵がスパイを送ってくるのは結構なことだというわけです。彼らから、向こう側の情報をとることができる。敵のスパイだからといって、警戒するだけではよろしくない。彼らをいかに利用するかを考えるべきである、というわけです。スパイの効用というのは、見事な発想ですね。

変化に対応できる柔軟性とは

【兵《へい》の形《かたち》は水《みず》に象《かたど》る（虚実 七）】

【本文】夫《そ》れ兵《へい》の形《かたち》は水《みず》に象《かたど》る。水《みず》の形《かたち》は高《たか》きを避《さ》けて下《ひく》きに趨《おもむ》き、兵《へい》の形《かたち》は実《じつ》を避《さ》けて虚《きょ》を撃《う》つ。水《みず》は地《ち》に因《よ》りて流《ながれ》を制《せい》し、兵《へい》は敵《てき》に因《よ》りて勝《かち》を制《せい》す。故《ゆえ》に兵《へい》は常勢《じょうせい》無《な》く、水《みず》は常形《じょうけい》無《な》し。能《よ》く敵《てき》に因《よ》りて変化《へんか》し、而《しか》して勝《かち》を取《と》る者《もの》、之《これ》を神《しん》と謂《い》う。故《ゆえ》に五行《ごぎょう》に常勝《じょうしょう》無《な》く、四時《しいじ》に常位《じょうい》無《な》く、日《ひ》に短長《たんちょう》有《あ》り、月《つき》に死生《しせい》有《あ》り。

【解釈】いったい軍隊の取る形というものは水に似ています。水の形というのは高いところを避けて低きに向かいますが、軍隊の形というものは、兵力の充実しているところを避けて、すきのあるところを攻撃するのであります。水は土地の形によって流れを決めますが、軍隊は敵の形によって勝利を決めるのであります。そんなわけで、軍隊には常に決まった態勢というものはなく、水には常に決まった形というものはないのです。敵の形によって自分の軍の形を変化し、そうして勝利を得る者を神といいます。ですから木・火・土・金・水の五行には常に勝つものはなく、春夏秋冬の四季にはいつまでも居すわるものはなく、日の長さにも日の出から日没に至るまでの時間に長短の変化があり、月には満ち欠けがあるのです。

天下を開いた秀吉の強運――谷沢

ここに「軍隊は敵の形によって勝利を決めるのであります」とある。つまり相手の形、状勢によって攻め方を決めるということです。敵がどんな状況にあるかに応じて、攻める方法を考えるわけです。これは高松城の話と似ている。

羽柴秀吉は備中高松城を攻めるとき、小高い丘に登って見渡し、「これは水だな」と言う。さすがの黒田官兵衛もこの作戦には疑問を持ちますが、秀吉はゆずらない。平坦地があって、その向こうに山があり、その山から足守川が一本流れ出ている。それだけのヒントで、秀吉は水攻めを考えるわけです。

黒田官兵衛は「はたしてそこに水が溜まるかどうか」と言いますが、秀吉は「やればできる」と言って、味方が何をやっているかが敵に分からないように高い塀を築きます。その塀の手前に金をはずんで土を運ばせ、大きな土手をつくる。土手はアッという間にできて、水攻めの条件は整います。

さて、肝心の水です。これは天正十年(一五八二)五月のことですが、その一カ月ほど前に足守川の上流に記録的な大雨が降る。その水がドーッと流れ込んで来るのですが、高松城では何が行なわれているのか、まだ気がつかない。ただ水が溜まっていくのを、なすことなく見守っているだけです。

この大雨が、秀吉の天下取りを決定づけることになります。このとき、もし大雨が降っていなければ、せっかくの土手が活きません。だから黒田官兵衛は秀吉の運の強さに、ほとほと驚嘆します。こうして、秀吉の水攻めは成功する。

高松城の向こう側には毛利の軍が来ていますが、水のために往来することができない。こうして毛利側は和睦を申し出、毛利家が押さえている八カ国のうち四カ国を割くという提案をして、安国寺恵瓊《えけい》がそれを取り持つわけです。その和睦が進んでいる最中に、本能寺の変が起こる。

だから日本のあらゆる城攻めの中で、水攻めというのは秀吉だけがやっている。これを成功させるには、大変な運が必要です。その決行を断固として決断したことが、秀吉の運を開くことになるわけです。

七、軍争篇

——戦闘の心得——

戦うための基本は物資の調達である

【輜重《しちょう》無《な》ければ則《すなわ》ち亡《ほろ》び（軍争 二）】

【本文】是《こ》の故《ゆえ》に、軍《ぐん》、輜重《しちょう》無《な》ければ則《すなわ》ち亡《ほろ》び、糧食《りょうしょく》無《な》ければ則《すなわ》ち亡《ほろ》び、委積《いし》無《な》ければ則《すなわ》ち亡《ほろ》ぶ。故《ゆえ》に諸侯《しょこう》の謀《はかりごと》を知《し》らざれば、予《あらかじ》め交《まじ》わること能《あた》わず。山林《さんりん》・険阻《けんそ》・沮沢《しょたく》の形《かたち》を知《し》らざれば、軍《ぐん》を行《や》ること能《あた》わず。郷導《きょうどう》を用《もち》いざれば、地《ち》の利《り》を得《う》ること能《あた》わず。

【解釈】そのようなわけで、軍隊に物資を補給する輜重隊がなければ、その軍は滅び、食料がなければ軍隊は滅び、物資の蓄えがなければ滅んでしまいます。ですから近隣諸侯の胸の内を知らなければ、あらかじめそれらの諸侯と親しく交わることができず、山林・険しい場所・湿地帯・沼地などの地形を知らなければ、軍を進めることができず、その土地の道案内がいなければ、その地の利を得ることができないのであります。

輜重を軽く見た日本——渡部

ここには滅びるものがたくさん書いてありますが、主にこれは輜重のことですね。日本軍はどうしても輸送、ロジスティックス、つまり兵站《へいたん》というものを本気で考えない。それは日本軍の通弊だったと、司馬遼太郎さんも書いています。

日露戦争で満洲を攻めたころも、輜重兵をバカにする歌があった。「輜重輸卒《ゆそつ》が兵ならば蝶《ちょう》蝶《ちょう》蜻蜓《とんぼ》も鳥のうち」というんですが、そんな歌を歌われたら、真剣に輜重をやる兵士はがっくりします。そのあたり、アメリカは徹底的に違っている。ドイツも違います。敗戦ドイツ軍と敗戦日本軍のどこが違ったのかというと、敗戦ドイツ軍は最後まで輸送を欠かさなかった。

そもそもドイツ参謀本部には、戦争を始めたら、弾薬、食料では絶対に不自由をさせないという不文律があった。弾薬や食料で不自由をしたら、それで戦争は負けだという暗黙のルールみたいなものがありました。だから、あれだけの敗戦を三年間続けてきて、スターリングラードなどの例外的事例は別として補給が途絶えたことはありません。

ところが日本の場合は、それがはじめから途絶えてしまった。現地で何とかなるという甘い考えだった。ぎりぎり困ると、潜水艦で運ぶなどと言う。軍隊に補給するのに、空間が極度に限られている潜水艦で間に合うはずがありません。

日本で輸送のための本当の本部ができたのは昭和十八年ごろですから、もう敗色が出てきています。とくにひどかったのはインドに攻め込もうとしたインパール作戦です。参加人員十万人のうち、死者三万人、戦傷病者四万五千人ですが、その多くは餓死です。だから最初は、「あまり送れないが、まあ、やれや」という感じだったでしょうね。

これはもう、文明国と非文明国の違いに近い。それは、日本が貧乏国だったという事情もありますが、補給がしっかりしていなければ大軍を動かす近代の戦争はできないという観念が植えつけられていなかったのも事実です。

思うに、そこが明治の辛いところですが、補給などを十分整えていたら、朝鮮半島まですべてロシアに取られてしまっていたでしょう。補給を十分整えるほどの国力がつくまで、待てなかったということです。そのへんは同情しなければいけません。戦争をしたら勝ってしまった。あとのことはそれで済むと思っていた、ということです。

日本には、そんな気の毒な事情もありますが、日本軍では輜重はたしかに最後まで軽く見られました。日本軍にはロジスティックス（兵站学＝輸送・糧食・武器・人馬の補給管理・傷病者の処置などに関する軍事科学）の観念が欠如していた、と言う人もおります。『孫子』は「輜重無ければ則ち亡」ぶと、これだけはっきり言っています。「糧食無ければ則ち亡び、委積《いし》無ければ則ち亡ぶ」と、「亡ぶ」と三つもたたみかけるように言っている。

私は以前『参謀本部』という本を書いたことがあって、当時、若手の経営者にドイツ参謀本部の話をしたことがあります。そのときに、こんな質問がありました。

「参謀本部というのは、経営で言ったらどんなところに当たりますか」
私は経営者ではないが、「おそらく経理の担当者に当たるのでしょう。参謀総長は経理を握っている人間だと思えばいい」と答えました。「経理は金融が止まれば亡び、金がなくなれば亡び、利子が払えなくなれば亡ぶ」というようなことを言った記憶もあります。それが当たっているかどうかは分かりません。

それにしても、戦後日本の経理が豊かだったという話は、あまり聞きません。その点、「松下」だとか「トヨタ」というような企業は、ビクともしない。「日産」は行き詰まってしまった。究極的に、実業界は金があるかないかの世界です。

ところが、なぜか日本の会社は経理に一級の人材を送らないらしい。二番手という感じです。やはり日本の共通項として、物資の調達に対する無感覚があるのかも知れません。その足らざるところを精神で補ってしまう。

これは軍人が書いた本で読んだことですが、日本を冷静に計算すると、かならず負けるのだそうです。だから精神力へ走ってしまった。何しろ、計算すればするほど負けてしまうわけですから。

懐疑的な発言は封じる日本陸軍の体質——谷沢

日本軍が兵站を軽んじたのは、精神力で戦えるという思い込みが強かったという面がありますね。しかし、輜重は大切だという理念は一応あった。ところが、それを現実に手配する裏付けを怠ったのが致命的です。

ビルマ作戦を立案したとき、風呂に入っている東条英機に副官がそれを報告した。東条は反射的に「補給は大丈夫か」と聞いた。副官はこれまた反射的に「大丈夫であります」と答えた。それだけなんです。どういう手配によって補給を確保してあるのか、と具体的なことは何も聞かない。

副官はまた副官で、こういう場合には「大丈夫であります」と答えるように躾けられている。懐疑的な発言は作戦にケチをつけることになるので、差し控える。要するにこの二人の問答は、儀式的なやり取りに終わります。

補給は大切だという教科書を朗読しただけです。こうして出発した作戦の失敗は、周知のとおりになりました。兵站の軽視は、日本陸軍の痼疾《こしつ》（久しく治らない病気）だったのです。

人目のつかないところで迅速に動く

【其《そ》の疾《はや》きこと風《かぜ》のごとく（軍争 三）】

【本文】故《ゆえ》に兵《へい》は詐《さ》を以《もっ》て立《た》ち、利《り》を以《もっ》て動《うご》き、分合《ぶんごう》を以《もっ》て変《へん》を為《な》す者《もの》なり。故《ゆえ》に其《そ》の疾《はや》きこと風《かぜ》のごとく、其《そ》の徐《ゆるや》かなること林《はやし》のごとく、侵掠《しんりゃく》すること火《ひ》のごとく、動《うご》かざること山《やま》のごとく、知《し》り難《がた》きこと陰《いん》のごとく、動《うご》くこと雷震《らいしん》のごとく、郷《きょう》に掠《かす》めて衆《しゅう》に分《わ》かち、地《ち》を廓《ひろ》めて利《り》を分《わ》かち、権《けん》を懸《か》けて動《うご》く。先《ま》ず迂直《うちょく》の計《けい》を知《し》る者《もの》は勝《か》つ。此《こ》れ軍争《ぐんそう》の法《ほう》なり。

【解釈】そんなわけで、戦争は敵を欺くことをもって根本方針とし、利益を求めて行動し、部隊を分散したり集合させたりすることによって、様々な変化をなすものであります。ですから、その行動の速いことは風のようであり、その行動の緩やかなときは林のように静まりかえって待機し、敵地を侵略するとき火の燃え広がるときのようであり、時に動かないでいるときは、山のようにどっしりとしており、その態勢の知りにくいことは暗闇のようであり、行動をするときは雷がものを震わすようであり、村里で物資を奪うときには兵士を分散し、土地を広げるときにはその要点を分守し、すべてについてその軽重を考えて適切に行動するのです。先に遠い回り道を真っすぐな道とする計略を知っている者が勝ちます。これが軍争の原則であります。

『孫子』に見る絶妙の比喩――渡部

「兵は詐を以て立ち」という言葉がすごいですね。続いて「利を以て動き」です。フェイントは当たり前で、しかも利で釣るということです。次の「分合を以て」を、この本の訳では「部隊を分散したり集合させたり」としていますが、これは「あっち側についたりこっち側についたり」ということではないでしょうか。

これは戦国時代とか近代ヨーロッパを考えると分かりやすい。あっちの国と手を握ったり、こっちの国と手を握ったりしています。ここでは、そんな意味だと思う。それで疾《はや》いときもあれば、徐《ゆるや》かなときもある。これは絶妙の比喩ですね。

私はいつもおかしいと思うのですが、武田信玄はこの言葉を取って「疾きこと風のごとく、徐《しず》かなること林のごとく、侵掠すること火のごとく、動かざること山のごとし」とここで切っていますが、いちばん重要なのは次の「知り難きこと陰のごとく」だと思う。この言葉は作戦を秘密にするということもありますが、人目につかないところで動くことが重要だと言っているような気がする。

このあたりを読むと、私は電撃作戦をやったころのヒトラーを思い出す。ヒトラーという男は、当時のヨーロッパに確立していたルールのようなものを、すべて無視してしまいます。だから育ちのいいイギリスのチェンバレン首相などは、完全にお手上げです。

国と国との付き合いは、本当はこれではいけません。文明国の間では、大体分かるような形でやらなければならない。だからヒトラーは嫌われた。つまり外交と軍事を一緒にしてしまった。だから、だれも信用しなくなります。

ところで、武田信玄がなぜここの言葉を取ったかですが、当時、全国を講演して回っている舌耕《ぜっこう》という職業があった。その舌耕の徒が『孫子』から「疾きこと風のごとく」のところだけピックアップして、それを信玄に教えたという説があります。

この舌耕の徒は戦国時代を通じて一挙に広まっていますが、こういう遊説《ゆうぜい》業みたいなものができるようになったその大本《おおもと》は伊勢神宮です。伊勢神宮は尊い神社で、応仁の乱以前には庶民は参拝を許されなかった。ところが戦国時代になって、日本の旧体制が崩れてしまい、朝廷からの御供物料《ごくもつりょう》が行かなくなった。それで困った神宮は、民衆の間に伊勢講などをつくらせた。とにかく講をつくる習慣ができるほど、民度は成熟していたということでしょうね。こういう社会を背景として舌耕も生まれたのでしょう。

文化を運んだ舌耕の徒――谷沢

「知り難きこと陰のごとく」――知りにくいことは暗闇のようだ、と言うんですね。味方がどれだけ計算してみても、分からないことは分からない。戦争でも何でもそうですが、相手が常識どおりに来てくれるとは限らない。突拍子もないことをしてくることがあるので、それにも備えなければなりません。

ところで渡部さんが言った「舌耕」のことですが、たしかに連歌師とか、物語や兵書の講義をしながら日本中を回る舌耕の徒がたくさんいた。その舌耕のひとりが信玄に「疾きこと風のごとく」を教えたということは十分に考えられます。とにかく舌耕の徒はそれで収入を得ていた。

たとえば公家さんが『源氏物語』の写本を書く。それを持って回って高く売りつけるわけです。もちろん、いろんな講義もします。この舌耕の大本は伊勢神宮だと言われたが、伊勢神宮の場合は「御師《おし》」と言います。この御師がたがいに分担区域を決めて、全国を回る。いろんな文化を持って移動するわけです。しかも、高野聖《こうやひじり》も回っている。舌耕の徒も回っている。こんな具合ですから、当時の文化の交流はかなりのものだったと考えられます。

要するに、文化の僻地はほとんどなかった。京都が文化の中心であることはもちろんですが、この発信地からしだいに地方へと及んでいく。どの地方も文化に飢えていました。つまり、どの地方も積極的に文化を求めていた。その引力が強かったことは、特筆に値します。

連歌師などは、至るところで歓迎されました。『源氏物語』が古典として崇敬されるようになったのは、連歌の拠りどころとしてなんです。この時期に、何をもって美と見るかという、日本人にとっての感性の基礎が形づくられました。すなわち、日本文化の形成期であったわけです。

八、九変篇

――逆説的発想の戦い方――

無理、無駄な争いはしない

【命《めい》を君《きみ》に受《う》け、軍《ぐん》を合《あ》わせ衆《しゅう》を聚《あつ》むれば（九変　一）】

【本文】孫子《そんし》曰《い》わく、凡《およ》そ兵《へい》を用《もち》うるの法《ほう》、将《しょう》、命《めい》を君《きみ》に受《う》け、軍《ぐん》を合《あ》わせ衆《しゅう》を聚《あつ》むれば、圮地《ひち》には舎《やど》る無《な》く、衢地《くち》には交《まじ》わり合《あ》い、絶地《ぜっち》には留《とど》まる無《な》く、囲地《いち》には則《すなわ》ち謀《はか》り、死地《しち》には則《すなわ》ち戦《たたか》う。

塗《みち》も由《よ》らざる所《ところ》有《あ》り、軍《ぐん》も撃《う》たざる所《ところ》有《あ》り、城《しろ》も攻《せ》めざる所《ところ》有《あ》り、地《ち》も争《あらそ》わざる所《ところ》有《あ》り、君命《くんめい》も受《う》けざる所《ところ》有《あ》り。

【解釈】孫子が言います、およそ軍を動かすときの原則としては、将軍が君主の命令を受け、軍隊を集合し、兵士を集めたならば、山林・険しいところ・湿地帯のあるようなところには宿舎を設けてはいけません。諸侯の領土と四方で接していて、先にそこへ行った者が天下の民衆を把握できるような交通の要地では諸侯と親交を結び、自分の国から離れてしまっている土地は留まることなく早く通り過ぎ、敵に囲まれてしまった土地では奇策を巡らし、進退窮まってしまったようなところでは戦うのであります。

道路にも通ってはならないものがあり、敵の軍にも攻撃してはならないものがあり、敵の城にも攻めてはならないものがあり、土地にも争ってはならないものがあり、君主の命令でも聞いてはいけないものがあるのです。

命令を握りつぶした叩き上げの隊長――渡部

これは要するに、無理をするなということですね。こういうものを読むと、やはり前の戦争の末期を思い出します。

「命を君に受け、軍を合わせ衆を聚むれば」から「塗《みち》も由らざる所有り、軍も撃たざる所有り、城も攻めざる所有り、地も争わざる所有り、君命も受けざる所有り」まであるわけですが、私たちは争ってはいけないところで争っている。日本は無駄に沈没しているところがあります。

たとえば、ソロモン諸島あたりでほぼ十カ月ぐらい戦っている。それで、ガダルカナルの戦いではラバウルから戦闘機が行く。戦闘機というのは小さい。極端に言えばホテルのスィートルームに入るぐらい小さい。

ラバウルからガダルカナルまでといえば、東京から大体屋久島《やくしま》ぐらいの距離です。それを毎日一人乗りの小さい飛行機に乗って往復して、その上、戦闘をして帰ってくるわけです。ちょっと怪我をしたり、飛行機に故障があったりしたら、途中で落ちる可能性がすこぶる高いわけです。そんな絶海の孤島を一年近く争って、気がついてみたらラバウル航空隊をすりつぶしてしまっている。

無理な作戦ですから、ベテランの兵士はみんな死んでしまっています。「地も争わざる所有」るでしょう。それにもかかわらず争った。またなぜニューギニアに大軍を送ったりしたのですか。

それから、これは「君命も受けざる所有り」と関係があるかも知れません。ずっと下のほうの君命ですが、山本七平さんのところがそうだった。

山本七平さんのところの隊長は、兵隊上がりでした。士官といえば、ふつうは士官学校から行くわけですが、山本さんの隊長は兵隊からの叩き上げだった。叩き上げの場合、曹長か准《じゅん》尉《い》止まりが相場ですが、戦争が進んでいくと将校が必要になり、ぎりぎり少佐ぐらいまでは出世することができた。山本さんの隊長は大尉でした。

場所はフィリピン、ジャングルの中の砲兵部隊です。上から命令が来ても、隊長はすべて握りつぶしてしまう。

そもそも日本の砲兵部隊は、満洲のような広々とした空気の澄んだところで撃つようにできている。湿度一〇〇パーセントのようなジャングルの見晴らしのきかないところで、戦争などできるものじゃない。

撃とうにも、どこに撃てばいいのか探すのが大変で、下手に一発撃つと、何十発も戻ってくる。だから上から「撃て」と命令がきても、隊長は「こんなところで、やれるか」と言うことを聞かない。同じ隊長でも、士官学校上がりの隊長のところは命令がくれば、言われたとおりにやって、全滅してしまう。

山本さんが言っていました。「私が助かってきたのは、隊長が兵隊上がりで、机の上だけで練ったような命令がきても聞かなかったからです」って。そこまで軍律が乱れることには問題がありますが、「君命も受けざる所」があって、山本さんは助かった。

あるいは引き揚げてきた人たちは、みんな君命を聞かなかったのかも知れません。それとも「絶地には留まる無く」だったかも知れない。まったく昭和十九年後半以降の日本は、何を考えるのも嫌なくらい、無法則だったところが多かった。

ただ、「君命も受けざる所」がルールみたいになると、これはもう衰亡ですね。あくまでも例外でなければいけません。

士官学校上がりをバカにしていた古参兵——谷沢

渡部さんが言ったような叩き上げの軍曹とか曹長は、戦争のことを隅から隅まで知っています。いま、敵がどの程度の力で攻めてきているのか、その勢いを感覚で把握してしまう。ところが、士官学校上がりの大尉さん中尉さんには、それができない。つまり現地感覚がないわけです。

そんな隊長が「突撃ィーッ」と言うと、古参の軍曹は後ろから、「にいちゃん、にいちゃん、ここはもっとゆっくりして、敵が本気でかかってくるまで待つねん。やめときなはれ、やめときなはれ」と言ったという話もあります。

現地では、そういうことがよくあったらしい。要するに日本の陸軍では、古参の曹長、軍曹、伍長などが中尉とか少尉を徹底的にバカにしている。つまり士官学校上がりは机上の勉強をしてきただけで、実戦の感覚がありません。一方、自分たちは長年転々と戦ってきている。だから、七平さんのような話は、おそらく方々でたくさんあったと思います。その隊長はたしかに君命に背いていますが、背かれている上のほうも、自分が勢いに押されて出している命令ができることかできないことか、分かっていたのだと思います。

他人をあてにするのは愚かなり

【吾《わ》が以《もっ》て待《ま》つ有《あ》るを恃《たの》むなり（九変 四）】

【本文】故《ゆえ》に兵《へい》を用《もち》うるの法《ほう》、其《そ》の来《きた》らざるを恃《たの》むこと無《な》く、吾《わ》が以《もっ》て待《ま》つ有《あ》るを恃《たの》むなり。其《そ》の攻《せ》めざるを恃《たの》むこと無《な》く、吾《わ》が攻《せ》むべからざる所《ところ》有《あ》るを恃《たの》むなり。

【解釈】そんなわけで、軍隊を動かす場合の原則として、敵がやってこないことをあてにすることはなく、敵がやってくるのに備えて、自分たちが態勢を備えて待つことを頼みとするのであります。敵が攻撃してこないことをあてにするのではなく、敵が自分たちを攻撃することができない態勢を、自分たちが作っていることを頼みとするのであります。

ヒトラーの援軍をあてにしていた日本軍——渡部

ここのところは、来もしない応援を頼みにしてはいけない、自分だけでやる気にならなければばいけない、ということですね。短い文章ですが、ここに書いてあることで、日本にとって決定的なことがありました。

それは、前の大戦についてです。日本の大本営がいかにカッカしていたとはいえ、冷静になって計算すれば、相手は世界中です。シナは強敵ではないにしても、ここにも兵隊を置かなければならない。あとはアメリカ、イギリスという二大海軍国やオランダなどを敵に回して、戦争をしている。

どう計算しても、長く戦えるわけがありません。とくに海軍はそうです。また、いかに輜重を軽視する傾向がある日本軍でも、一応は考慮に入れるでしょうから、どう考えても勝てる戦争ではない。

それにもかかわらず、日本は戦争に突入し、最後のところでは「来らざるもの」を頼みにしていました。二年間戦っていたら、ヒトラーが勝ってくれるだろうと思っていた。いや、信じていたと言ってもいい。

そう信じて、南方の資源を押さえにかかった。アメリカ相手に、勝てるとは思っていなかった。何しろ、攻めていく力がない。だが、そのうちヨーロッパでかならず片がつく。そうすれば、アメリカとも講和になるかも知れない――これはまさに、「来らざるもの」を頼みにしているのです。

とにかく戦争をしているわけだし、日本軍は降参しないことを建前にしています。だからヨーロッパでヒトラーが潰れようと、どうなろうと、あとは戦いつづけなければならない。そうなったら、日本は何もかも自分でやらなければなりません。だから日本は、自分がどれだけやれるのかを中心にして考えるべきだったのです。

大体、世の中の失敗例を見ると、みんな「来らざるもの」を頼んで潰れています。

希望的観測で物事を判断するな——谷沢

来もしない援軍を待つことは、昔から、籠城する場合のいちばん愚かな手段だと言われています。

有名な桶狭間の戦いで、清洲の城で籠城しようという意見があった。しかし、天下を見渡してもどこにも織田家を救いにくる援軍はいない。このようなときに籠城することを、馬鹿ばかしいと信長は考え、合戦に打って出ました。

ところが日本の場合は、前の戦争で、ドイツが勝つことをあてにしていたのです。ドイツの勝利が確定しているわけでもないのに、それを頼みにしたのです。戦争はあくまでも勝負ですから、どうなるか分からない。それなのに、ドイツが勝つのを待つということから、日独伊の三国同盟ができるわけです。

当時の日本の政府や軍部には、どちらが勝つかという冷静な判断があったのではありません。「勝ってくれなくては困る」のが本音で、「勝ってくれなくては困るから、勝ってくれるはずだ」というふうに考えたわけです。

これはドイツが勝つことを信じてあてにしたというより、勝つことを願い、それをあてにしたと言えるのではないでしょうか。

しかし願い事は、所詮、願い事にすぎない。願い事をあてにすると、はずれるのが道理というものです。希望的観測から物事の判断をする、そういう考え方自体が間違っているのです。

あらゆる戦術において、希望的観測から考え方を出発してはならない、それが兵法の鉄則のはずなのに、日本はしてはならないことをやってしまったのです。

九、行軍篇

——布陣法および敵情察知法——

生きるか死ぬかのときの判断

【半《なか》ば済《わた》らしめて之《これ》を撃《う》たば（行軍　一）】

【本文】客水《かくみず》を絶《わた》りて来《きた》らば、之《これ》を水内《すいない》に迎《むか》うる勿《な》かれ。半《なか》ば済《わた》らしめて之《これ》を撃《う》たば利《り》なり。

【解釈】敵が川を渡ってきたならば、それを川の中にいるときに迎え撃ったりしてはいけません。半分を渡らせてしまってから、敵を撃てば有利であります。

「宋襄の仁」にはなるな——渡部

この「半ば済《わた》らしめて之を撃たば利なり」という言葉をめぐって、『春秋左氏伝』に出ている「宋襄《そうじょう》の仁《じん》」という有名な話があります。

「半ば済らしめて之を撃たば利なり」は、敵が川の中に半分来たときに撃つという意味ではない。それでは、味方からも水の中に入っていかなければならないからダメです。敵が渡って、半分ぐらいこちら側の岸に上がって、まだ半分が水の中に残っているときに撃てば、半分を撃つことができるし、逃げれば川の中で混乱しているところを撃てるという意味なんですね。

ところが宋の襄公《じょうこう》は違います。彼は泓水《おうすい》という川で楚と戦った。そのときに、楚の軍が川を半分渡ったところで、周囲の者は『孫子』が言うようにやろうとしたけれども、襄公はそれをとどめて「君子は人が困っているときに苦しめたりはしない。楚がぜんぶ渡りきって陣形を整えないうちは、攻撃の合図を鳴らさないのだ」と言う。その結果、襄公は負けてしまった。これが有名な「宋襄の仁」です。

この話は『孫子』の反対です。襄公は君子の道をとったが、『孫子』は君子ではない。あくまでも生きる道なのです。君子の道は、地位の確立した人が立派に生きる方法ですけれども、生きるか死ぬかのとき、君子の道はしばしばダメです。やはり勝つ道を選ばなければなりません。

二十年も前のことになりますが、私は「新日鉄」の工場に講演で行ったことがある。講演が終わってから、近くの料亭で工場長以下が宴を張ってくれました。そのとき私は工場長に、「韓国で製鉄所をつくるとき、韓国の人を数千人招き集めて徹底的に訓練したが、そのせいでいま鉄鋼問題で悩んでいるなどというのは宋襄の仁だ」と言った。

そうしたら工場長が「そうです、まったく宋襄の仁です」と答えた。彼は私と同じ世代でしたから、「宋襄の仁」がすぐ分かった。おそらく漢文で習っていたんでしょう。

とにかく、日本には宋襄の仁が多い。せっせと教えて、そこが経済的に発展すれば日本の得になるという論理だと思いますが、事はそう簡単にはいかない。植民地なら適当に抑えることもできますが、相手は独立国です。半導体だって、鉄鋼だって、造船だって、手取り足取り日本が教えて、いつもそれで困っている。

これは特許を売るだけでいいのです。ノウハウまで教える必要はない。それを何千人と集めて、訓練までしてやっている。それで追いつかれなかったら、自分はバカです。戦後の日本人は、まったく宋襄の仁です。

ここは宋襄の仁の教訓を引き出すのが、いちばんの眼目でしょう。

「ええかっこしい」ではいけない――谷沢

渡部さんが言われたように、日本には宋襄の仁が多すぎます。上杉謙信が武田信玄に塩を送ったことが、いまも美談であると言われているように、宋襄の仁を美談として受けとるという悪い癖が日本にはある。そのために困る場合が非常に多いわけです。

この競争社会にありながら、アジアなどの途上国に対して、日本は半導体でも造船でも手取り足取り教えてきて、結果的にそのことによって困った立場に追い込まれています。ところが日本人は、そうやって教えることが、何か優れたことであるかのように思いたがるのです。

宋襄の仁というのは、大阪弁で言うと「ええかっこしい」という意味です。君子ぶっていい恰好をしたがるということなのです。

「ええかっこしい」は、ことに大阪人に多いようです。なぜかというと、大阪というところは信用社会ですから、信用を獲得するために、無理をしてでも「ええかっこ」をする。

日本も世界から信用されたい、褒められたいという気持ちが強すぎて、それで宋襄の仁になるのだとも言えます。しかし国際的に見て日本が信頼を得ているかというと、むしろなめられている、感謝もされていない、ということを自覚しなければなりません。

ところが日本では、実際に組織の中で出世するのは、君子タイプの人間です。

なぜなら、組織内で露骨な競争をすることを日本人は嫌がり、そのために君子タイプのほうが好まれるという傾向があるのです。

『孫子』の考え方は競争論です。これに対して宋襄の仁は、まあまあ、なあなあで、何とかお互いが競い合わないでやっていこうという考え方ですから、極めて日本的であると言えます。

しかしこれからの日本は、そうはいきません。

君子タイプよりも、西洋的な発想をする孫子タイプのほうが、これからは力を持ってくるでしょう。いまはその境目の時期ではないでしょうか。

ですから、いままで君子タイプが良かったからといって、これからもそうだと思っていたら大間違いなのです。

素人の意見を無視しない

【鳥起《とりた》つは、伏《ふく》なり（行軍 四）】

【本文】衆樹動《しゅうじゅうご》くは、来《きた》るなり。衆草障《しゅうそうさわ》り多《おお》きは、疑《うたが》わしむるなり。鳥起《とりた》つは、伏《ふく》なり。獣駭《けものおどろ》くは、覆《ふ》なり。塵高《ちりたか》くして鋭《するど》きは、車来《くるまきた》るなり。卑《ひく》くして広《ひろ》きは、徒来《ときた》るなり。散《さん》じて条達《じょうたつ》するは、樵採《しょうさい》するなり。少《すく》なくして往来《おうらい》するは、軍《ぐん》を営《いとな》むなり。

【解釈】多くの樹木が動くのは、敵が進軍してくるのです。多くの草を積み上げて重ねたりしてあるのは、伏兵がいると我々に疑わせようとしているのです。鳥が飛び立つのは、伏兵がいるのです。獣が驚き走りだすのは、そばに奇襲部隊がいるのです。砂塵が高く舞い上がってその先端が尖っているのは、戦車がやってくるのです。砂塵が低く舞い上がってその幅が広いのは、歩兵がやってくるのです。砂塵がところどころ舞い上がってすじのように細く伸びているのは、薪を取っているのです。砂塵の上がることが少なくてあちこち行ったり来たりしているのは、設営隊が陣の設営をしているのです。

観察力をいかに養うか——渡部

「鳥起つは、伏なり」——これは、源義家の話につながりますね。いまではあまり当てはまらないことです。

ここで重要なのは、観察力を養えということでしょう。木が動くのは敵が来る兆候だ。草が騒ぐのは疑わしいぞ、味方を惑わそうとしているんだ。鳥が飛び立つのは伏兵がいるからだ。獣が驚いて逃げるのは、これもまた奇襲部隊がいるんだ。砂塵が近づくのは車が来るからだ。砂塵が低くて幅が広いのは歩兵が来るからだ。

これはみんな観察です。観察力を養うことは、何の場合でも重要です。飛び立つ鳥と伏兵という結びつきは、もう子供のときから講談社の絵本で教わりました。まず絵があって、雁が乱れている。それを馬に乗った武将——八幡太郎義家——が見ているという美しい絵です。これは美談として書いてあるからいい。

源義家といえば、源氏の武将です。ところが前九年の役《えき》が終わったとき、太政大臣藤原頼通の家に行って合戦の報告をしたら、それを聞いた大江匡房《まさふさ》が「すぐれた武将だが足りないな。合戦の方法をまだ知らない」と言った。

そのとき、義家の郎党はこの言葉を耳にはさんで「戦争を知らないくせに、何を言う。この法螺吹き公家めが」と憤慨したが、義家は、「いや、そうかも知れない」と言って、京都に滞在中に匡房のところへ習いに行く。匡房は学問の大家ですから、たぶん『孫子』を知っていた。少なくとも、抜粋ぐらいは持っていたでしょう。それで、匡房は惜しみなく教えるわけです。

さて、後三年の役のときに、義家は雁が飛び立ったのを見て伏兵を知ることになる。日本を代表するような武将が、戦争を一度もしたことのない公家の話を聞いて勝ちを占めたというので、これは美談になっているわけです。

私たちにも、同じようなことがあります。谷沢さんも私も、財政にタッチしたことはない。しかし「総量規制をやったのはいかん」などと言う。われわれの意見を聞いてもらいたいと、声を大にして言う。そうなんです。素人の意見をもっと聞かなければいけないのです。

そんなことから、源氏の家にはこの話が伝わったのだと思う。だから源頼朝は、公家をバカにしなかった。大江匡房の曾孫の大江広元を、頼朝は最高顧問にしています。この広元が幕府の全プログラムをつくり、頼朝は武家の総本家みたいになった。当時の武将にはない形です。

これは頼朝の頭から出たことじゃない。公家が考えたことです。公家は当時、先進国だったシナの本を読んでいます。

武家はそんなことにあまり関心がない。その知恵をもらって、頼朝は幕府をつくってしまった。

頼朝にしてみれば、そもそも源氏の総本家の義家も公家である大江匡房に習っているという頭があるから、匡房の曾孫である公家の大江広元が考えたことを踏襲しやすい。思うに、日本の優れた武将の中にはその考え方があって、徳川家康も源氏の伝統に関心があったに違いない。家康は源氏を称しています。源家康と言っていた。

源氏では総本家の八幡太郎義家も公家に習った。頼朝も習って幕府を開いた。そんなことで家康が招いたのは儒者の藤原惺窩《ふじわらのせいか》だった。すべて同じパターンです。こうして家康は惺窩の弟子の林羅山も招き、シナの学問をして、戦国時代の実力主義から完全な官僚主義に変えてしまった。

当時の武将は力で天下を取っているわけですから、公家のことなど「あんな弱虫ども」と見下してもいいはずですが、それを言いません。だから大蔵大臣も、私たちの言うことを聞いたほうがよかったのです。

ちなみに、大江匡房と源義家の話は実に面白いと思うのですが、『国史大辞典』（吉川弘文館）でさえ触れられておりません。三省堂や角川書店などの小さい辞典にはもちろんその言及はありません。ただ『人物叢書』（吉川弘文館）の「大江匡房」の中で、著者の川口久雄氏は生き生きと描いています。川口氏は明治生まれで、戦前に東京文理科大学国文科を出た人です。武将の逸話に興味のあるのは戦前の教育を受けた人だからではないでしょうか。戦後の日本史からは英雄の逸話は一掃されています。

渡部さんが少し触れられた総量規制について、私なりに付け加えさせていただきたいと思います。

いまの不況を招いたもの――谷沢

総量規制とは、平成二年三月二十七日に、ときの大蔵省銀行局長だった土田正顕が発した「土地関連融資の抑制について」と題する通達のことで、日本経済を不況のどん底に陥れたのがこれなんです。

当時、私があるところで講演したあと、銀行の頭取と雑談していて「ねえ頭取、大蔵省の通達ちゅうのがありますな。あれを無視したらどうなりますか？　あれは法律ではないんですから」と聞いたとき、その答えは「そんな恐いことを。震えがきます」というものでした。

通達は法律ではないわけですから、黙殺できると高をくくるのは素人考えであって、それを無視した場合に受けるいやがらせたるや、想像するだけで全身に震えがくるほどの、絶大な報復であるということです。

この通達は、不動産業者ならびに不動産関連業者には、平成二年四月一日から融資をすることと罷りならぬと読み取れるような内容で、あらゆる銀行が横並びになって戦《おのの》きながら拳々服膺《けんけんふくよう》したわけです。

つまり不動産業向け融資の増額は、総貸し出しの伸び率以下に抑えなければならないということですから、銀行がお金を出さないということで、当然ながら地価は下落へ向かう。

総量規制は平成四年一月から廃止されましたが、この間に、日本の土地の担保価格が三割減ったと言われています。そういうことをやったのが総量規制であるわけで、これはもう土田正顕が日本の不況をつくった元凶だ。そう私は思っています。

まさに「鳥起つは、伏なり」という素人の意見を、土田正顕は無視したということなのです。

十、地形篇

——地形に応じた戦い方——

部下をいたわりながらも、命令できるか

【卒《そつ》を視《み》ること嬰児《えいじ》のごとし（地形 四）】

【本文】卒《そつ》を視《み》ること嬰児《えいじ》のごとし。故《ゆえ》に之《これ》と深谿《しんけい》に赴《おもむ》くべし。卒《そつ》を視《み》ること愛子《あいし》のごとし。故《ゆえ》に之《これ》と倶《とも》に死《し》すべし。厚《あつ》くして使《つか》う能《あた》わず、愛《あい》して令《れい》する能《あた》わず、乱《みだ》れて治《おさ》むる能《あた》わず。譬《たと》えば驕子《きょうし》のごとし、用《もち》うべからず。

【解釈】将軍が兵士を赤ん坊のようにいたわれば、兵士は将軍を慕うようになり、これと一緒に危険を冒して深い谷にもゆくことができます。将軍が兵士を可愛い我が子のようにいたわれば、兵士は将軍を慕うようになり、これと一緒に死ぬことができます。しかし、手厚くもてなしても、使うことができず、愛しているだけで命令を出すことができず、兵が秩序を乱していてもそれを治めることができなければ、それはちょうどわがままな子供のようなもので、そのような兵士は用いることができません。

家庭内暴力はなぜ起こるか――渡部

これはいまなら、将軍のかわりに経営者と言いたいところですね。ただ、「譬えば驕子のごとし」などは、すべてに当てはまる。自分の子供に対しても、学生に対しても、おそらく経営者なら従業員に対しても、よほど注意して優しさを見せなければ、かえって甘えて、その結果不満を持つようになります。

だから愛子のごとくやってもいいけれども、締《し》めるところは締めなければいけないということですね。これはすべての教員、経営者、それに軍人でも同じことですが、組織の場合はそうなります。家庭でもそうでしょう。「愛して令する能わず」というところから、家庭内暴力に繋がります。

金属バット事件などというのは典型的な例です。これは変に進歩的思想に惑わされ、親と子供が同権みたいな形のところで起こる。それから、奥さんと亭主が同権みたいな姿を子供に見せていると、やられる。だから、変に人道主義的、左翼的な人の家に家庭内暴力が多い。

某出版社と言っておきましょう。私はそこの専務、常務とちょっと飲んでから一緒に家に帰ったのですが、専務だったか常務だったかが「先生は家へ帰るとき、いそいそと喜んで帰りますね」と言う。「それはそうですよ」と答えたら、「いやあ、うちの会社で付き合っている先生たちの中には、帰れない人が多いんです」と言うんです。家庭内暴力が待っていて、恐いらしい。

具体的に何人も名前を挙げてくれましたが、どちらかといえばソフトで、書くものもいいことを言っている。左翼ではないけれども、左翼がかっているソフトな人が多い。

逆に私が知っている家で、子供を可愛がってはいるけれども「令している」家、これはだれでも知っているから言いますが、たとえば石原慎太郎さんの家なんかがそうです。男の子四人がちゃんとした大人に成長している。いまどき珍しいです。竹村健一さんの家もそうですね。子供を可愛がってはいるけれども、なめられてはいない。男の子供はみんな大学の先生です。だから、可愛がってもいいけれども、令しなければダメです。命令するところがなければ、「乱れて治むる能わず」になってしまいます。

これは家庭から軍隊、国家に至るまで、あらゆる組織体に共通していることです。

親や教師は命令権を確立せよ——谷沢

ここで『孫子』は、将軍が兵士を可愛い我が子のようにいたわることを勧めていながら、同時に、愛しているだけで命令を出すことができず、兵が秩序を乱していてもそれを治めることができなければ駄目なんだと、両面から言っているわけです。

そういう点を非常にはっきりさせていたのは、信長ではないでしょうか。信長は、愛しているというような姿勢は見せませんでしたけれども、これはと思う部下を、とことん信用したのです。

そして同時に、命令系統をはっきりさせました。どんなに信用されている武将であろうとも、信長の命令には絶対服従です。

信長は、その絶対服従を貫徹したわけです。

だから将たる者は、命令権を確立することと、兵士や武将がその命令を唯々諾々《いいだくだく》と聞くような、そういう姿勢、システムをつくらなければならないということです。

これを教育で言うと、いまの日本の場合は、はじめから教師に子供を仕込む気持ちがない。家庭でも、親は子供に命令ができない、そういうことになってしまっています。

ですからなおのこと、教師や親が命令権を確立することが必要になってきます。学校や家庭で子供が乱れた場合にも、「治むる能わず」とならないためには、命令権の確立がポイントなのではないでしょうか。

敵を知らなければ、己の立場も分からない

【彼《かれ》を知《し》り己《おのれ》を知《し》れば（地形　五）】

【本文】吾《わ》が卒《そつ》の以《もつ》て撃《う》つべきを知《し》りて、敵《てき》の撃《う》つべからざるを知《し》らざるは、勝《かち》の半《なか》ばなり。敵《てき》の撃《う》つべきを知《し》りて、吾《わ》が卒《そつ》の以《もつ》て撃《う》つべからざるを知《し》らざるは、勝《かち》の半《なか》ばなり。敵《てき》の撃《う》つべきを知《し》り、吾《わ》が卒《そつ》の以《もつ》て撃《う》つべきを知《し》りて、地形《ちけい》の以《もつ》て戦《たたか》うべからざるを知《し》らざるは、勝《かち》の半《なか》ばなり。故《ゆえ》に兵《へい》を知《し》る者《もの》は、動《うご》いて迷《まよ》わず、挙《あ》げて窮《きゅう》せず。故《ゆえ》に曰《い》わく、彼《かれ》を知《し》り己《おのれ》を知《し》れば、勝《かち》乃《すなわ》ち殆《あや》うからず。天《てん》を知《し》り地《ち》を知《し》れば、勝《かち》乃《すなわ》ち窮《きわ》まらず、と。

【解釈】将軍が、自分の軍の兵士が敵を攻撃することができる状態にあるのを知っていても、敵のほうが攻撃をしてはいけないという状態にあるのを知らなければ、勝ったり負けたりするでしょう。敵のほうは攻撃をしてよいという状態にあるのを知っていても、自分の軍の兵士が敵を攻撃することができない状態にあるのを知っていなければ、勝ったり負けたりするでしょう。敵のほうは攻撃をしてよいという状態にあるのを知っており、自分の軍の兵士が敵を攻撃することができる状態にあるのを知っていても、地形上敵と戦って

はいけないということを知らなければ、やはり勝ったり負けたりするでしょう。そんなわけで、戦争に通じた人は、自分の軍と敵の軍、そして地形にも通じているので、一度行動を起こせば迷うことなく行動し、行動を起こしても困窮することはないのです。そこで、敵の実情を知り、味方の実情を知れば、勝利を得ても危ない目には遭わず、天の時を知り地の形を知れば、敵と戦って勝つことは極まりがない、と言われるのです。

国民の不信に気づかなかった社会党——谷沢

「彼を知り己を知れば」——これも名句中の名句ですね。あれは昭和五十五年の六月から七月にかけてですか、社会党が不信任案を出して議会が解散し、総選挙で社会党が惨敗したことがありました。

これなんか、自分たちがいかに国民から信頼されていないかということも知らないし、保守党がいかに強いかということも知らない。とにかく解散すればすぐに社会党の政権ができると思い込んだ、そういうことだと思います。まさに「彼を知らず己を知らず」のいい例でしょう。

アメリカに「人民」はいない――渡部

何をするにも、彼を知り己を知ることは大切です。以前オートバイで「ヤマハ」と「ホンダ」が、競争するかのように次々に新車を出したことがある。そのうち、「ヤマハ」が音を上げました。そのころ、やっぱり「ヤマハ」は「ホンダ」を知らなかったという記事を読んだことがあります。少なくとも、オートバイの世界ではそうでしょう。

それを国家で言えば、戦争中のことはイヤというほど話しましたが、日本はアメリカを知らなかった。戦後も、まだアメリカを十分に知っているとは言えません。

外務省で情報調査の局長などをされていた岡崎久彦さん、私はあの人を尊敬しているんですが、彼は外務省を辞めたころからアメリカが少し分かってきた、と言うのです。どういうことかというと、アメリカの議会で何が言われたかを知るためには、アメリカ議会の議事録を読めばいいと言うのです。アメリカは本当に民主主義の国で、日本の交渉に当たっている人が何を言おうと、議会で別の意見が出たら、議会の発言の方向になる可能性がある。

ところが、アメリカの議会で何が議論されているか、その情報はいちいち日本には伝わってこない。だから自分はアメリカ議会で何が語られているかを、丹念に調べることにした。そうしたら、アメリカが大体分かってきたと、こう言うのです。これは、ひとつの立派な発見だと思います。

思うに、日本がアメリカを分かり損ねた理由のひとつは、英語学者の端くれとして言うと、「ピープル」(people)を「人民」と訳したことにあると思います。アメリカには、人民などどこにもいません。王様がおり、貴族がいて、はじめて「人民」がいるのです。アメリカは王侯貴族がいないところのピープルですから、私はこれを「皆の衆」と訳すべきだと思う。「人民の、人民による、人民のための政府」というのは、「皆の衆の、皆の衆による、皆の衆のための政府」ということになる。「皆の衆」しかいないのです。だから、日本の外交官も、アメリカの「皆の衆」に働きかける外交官でなければならないというのが、私の意見です。

以前なら、大使は松下幸之助でも、盛田昭夫でもいいのです。いまなら中曾根康弘でもいい。アメリカのピープルが興味を持つ大使でなければダメです。極端な場合、アメリカで人気のある日本の女優でもいいのです。

また、大臣の次に事務次官がつくみたいに、大使は二人いてもいい。事務大使と、いわゆる普通の大使です。事務大使が事務的なことをやって、外交的に危ないようなことをチェックしてあげたり、アドバイスしたりする。しかし、顔はあくまでも普通の大使です。例外はあるにしても、現在のような大使だけ送っている間は、まずアメリカとの関係はあまり期待できないのではないでしょうか。

アメリカのほうは逆に、日本のような難しい国にはフォーリーだとかマンスフィールドだとか、かつてアメリカ議会で議長をやったような人を大使に送ってくる。いまの中曾根さんは多少力が落ちていますが、その後の首相経験者で外国にも通用する人というと、あまりいないですね。

たとえば竹下さんが丈夫だったら、大使になって行けばいい。そうすれば、大使が信用されます。大使の言ったことを日本国が実行できますから……。

建前を知って本音を知らず――谷沢

もっとも日本という国自体、アメリカという国の体質を理解しようとしてきませんでしたし、いまなお、アメリカだけでなく他の国も皆、理解しそこねている。

つまり敵を知るということ、それを日本は、いまだかつて一度もやったことがないわけです。

もしも、過去に一度でも日本が通過したことのあるシステムと同じようなものが向こうの国にあれば、そこから理解のいとぐちができるわけですが、まったく異質なものの場合は理解ができない、それが日本の体質なのです。

ところが中国に対しては、日本には「シナを知っている」という思い込みがある。とにかく長い年月の間、シナから文献を輸入して、それを読み解いて一生懸命考え、そして理解してきたという、そういう思い込みがあるわけです。

しかし日本はシナの建前だけを勉強したのであって、本音のところを理解してはいないのです。したがっていま、中国の戦略的、戦術的なやり方というものが理解できないというところがあるのです。

日本には、こちらが誠意を持って対すれば、向こうも誠意で応えてくれるという考え方があります。相手国が意識的にやっているジェスチャーにつけ込むという考え方をしませんから、こと中国に関しては、一方的に日本が誠実なのです。しかし中国にはそんな対中政策は通用しないのです。

日本はなぜアメリカを理解できないか——渡部

アメリカという国は、日本とは違います。テレビが情報を流したり、新聞がいろいろと書き立てたりします。それがピープルへの影響力になる。アメリカという国はピープルの動きでどうにでも動きますから、向こうで国務省の人と会っているだけではダメなのです。

アメリカの議員は、毎日選挙区からわんさとくる手紙を見て発言している。日本と違うのは、あの国はピープルの国なのだということです。これが分からないと、恐いことになる。たとえばカリフォルニア州議会で、戦争中に日本が捕虜を使役したことで賠償を求めている。地方議会とはいえ、州の議会です。そこの下院と上院で通ったということは、何を意味するのか。ところが日本は、その対策を何も立てていない。すぐにでも、事情を説明する人を派遣しなければなりません。それでは、何を説明するのか。日本とアメリカは、講和条約を結んでいます。講和条約を結んだ場合、たがいの個人レベルの補償は消えてしまうのだということを説明しなければならない。

日本だって原爆を落とされたし、無差別爆撃で多くの死者を出した。この何十万人の個人補償はどうしますか。戦争の補償を個人レベルでできるわけはないじゃありませんか、と言ってこれが国同士で話し合って決めた文書ですと条約文を示せばいい。

「ドイツはいまでもやっているじゃないか」と、彼らは言うかも知れない。そうしたら、「ドイツはまだどこの国とも平和条約を結んでいないのです」と言ってやらなければならない。彼らはそれをまだ知らないのです。

説明しなければならないことは、まだあります。日本は捕虜を使役したと言いますが、国際法によって、兵士の捕虜は使役してもいいことになっている。捕虜虐待のことを言われたら、アメリカも日本の捕虜を虐待していると言えばいい。捕虜を殺した例もたくさんあると、リンドバーグの日記を示すのです。

このような事実を、事あるごとに知らせなければいけない。ところが、日本はその大事なところで、手を抜いています。何しろ相手は民主主義国でピープルで動いているのですから、ピープルへの働きかけをやめてはいけないのです。

さらに遡って言えば、昭和十二年七月七日に起こった蘆溝橋事件から間もないころに、通州事件が起こっている。蘆溝橋事件は一週間ほど撃ち合いをやったのち、一応現地協定を結んで終わっているのです。それから三週間経って、通州で約二百人の日本人が殺されました。虐殺です。このとき日本が何をしたかといえば、けしからんと言って、兵隊を送り込んだだけです。

こんなとき、イギリスやアメリカの対応は違います。イギリスには王様がいますけれども、まあ、この二つの国は民主国です。民主国では何が大切かといえば、それはピープルです。だからそのピープルに、シナという国はこんなことをするんだと、知らせてやればよかった。女性なんかは殺され陰部に箒《ほうき》の柄を差し込まれている。

それをすべて外国人記者に写真に撮らせて、世界中の新聞に流せばよかった。ところが日本はそれをやらなかった。

日本では軍人が偉いから、民衆のことなど考えません。日本人にアメリカが分からないのは、そこです。あの国にはピープルしかいない。それに対してどう対応するかも、日本は考えていない。だから日本は、まだアメリカを知らないのです。

まだあります。アメリカでは、証券会社のボスのような人が、パッと国家財政の担当者になるということがある。ところが日本では、証券会社の人は証券業界に深く沈潜して、トップには大蔵省から天下りが来る。それでガシッと官僚支配を固める。

野村證券という会社は、一時はアメリカのニューヨーク市場をぜんぶ合わせたほどの取引があったし、それに近いこともありました。野村證券をそれほど大きくした田淵節也さんでも、当時の大蔵省から見たら業界の一社長に過ぎません。そんな発想で政策をやっていったら、田淵さんクラスの人を財政当局の中心に据える国と争って、勝てるはずがない。要するに、敵を知らないのです。

日本人は外国を知らなければならない――渡部

たしかに、日本は戦争に負けました。その理由のひとつに、飛行場のつくり方の遅さがあったと思う。アメリカのほうは、想像できないほどの早さで飛行場をつくります。アッという間に、ソロモン諸島の至るところにつくってしまう。日本はえいこらさっと掛け声をかけながら、もっこで何カ月も土を運んでいる。

アメリカは違うのです。飛行場をつくる専門家は、土建会社です。だから土建会社をやったことのある人間を大佐ぐらいにして、隊長に据《す》える。日本は何も知らないド素人の中尉か大尉を陸軍士官学校や海軍兵学校の出身の将校だからという理由で隊長にしてつくらせる。これでは、かなうわけがありません。

日本では、アメリカについてのそんな研究をまったくやっていなかった。戦後になって時間が経ったいまでも、まだそれが十分に分かっていない。要するに、敵を知らないのです。

それはいまの中国に対しても同じです。中国を信用するなどということは、中国を知らないことの最たるものです。共産主義中国を民主主義中国にしたいのなら、ＯＤＡ（政府開発援助）なんか出さなければいい。理由はあります。「中国は他国を助けている。他国を助ける国に金を出す必要はない」と切ってしまえばいいのです。

幕末から明治のはじめにかけてのころですが、ハリー・スミス・パークスというイギリス公使がいました（当時は大使がいなかった）。この人は就任当初、やたらに日本人を怒鳴りつけていたのに、そのうち止めてしまった。彼は日本に来る前に、シナの公使か何かだったらしくて、シナ人は脅《おど》さなければ動かないということを知っていた。

日本人も同じ顔だから、脅さなければダメだろうと居丈高《いたけだか》に接していたが、日本人は生麦事件などを見ても刀を抜く。これはシナ人とは違うぞと悟ったというわけです。

このように、シナ人はこちらが低く出れば向こうも低く出るというような国ではない。その証拠に、江沢民が来日して、「戦争責任を認めるサインをしろ」と言ったとき、小渕首相は「これが最後ならサインしよう」と答えた。ところが、江沢民はその約束をしなかった。

韓国の金大中大統領のときは、「これを最後にしますから」と一札《いっさつ》とって「それでは」とお詫びを書いた（本当はその必要もなかった）。それ以後言ったら、向こうの違反です。江沢民も同じことを要求したわけで、「韓国の大統領には約束したのに、なぜオレには約束できないか」「韓国の大統領は二度と言わないと言った。その約束をしてくれますか」「ダメだ」「それではサインできません」というわけです。

その後も江沢民は、皇居の晩餐会など至るところで「戦争責任」と言うので、日本側は硬化した。そうしたら中国は急に態度を変えて、一九九九年の五月に小渕さんが中国を訪問したとき、江沢民は「戦争責任」のセの字も出しませんでした。

シナはそういう国だということを、日本は知らないのです。私たちはもちろんシナと付き合いもないし、外交官に会ったことも、商売をしたこともありません。しかし多少本を読めば、そういう国らしいということは分かります。

ところが、シナ通と言われる人は意外にしてやられる。この国は接待がうまい。パーッと美人を並べて接待するんだそうです。そんな待遇を受けると、シナ贔屓《びいき》にのめり込んでしまう。だから、してやられるわけです。

私はその実例を目の当たりにしている。戦前は武装共産党で、のちに右翼になった人です。この人があるときから鄧小平にのめり込んで、彼を「先生」と呼んでいる。彼は浪人だったわけですが、あるとき鄧小平に招かれて、会ってもらった上に、そういう接待を受けた。右翼の頭がいっぺんに「鄧小平先生」ですよ。まあ、情けない。

だから、シナ人と交わる人の意見は危ない。自民党の中国通と称している人などが危ないんです。彼らはシナ人を知らない。最近になって日本人は中国に対する幻想を捨てはじめましたが、あの国はあまりにも犯罪が多い。日本における中国人の犯罪だけでも、新聞に中国人の名前が出ないことはないくらいです。インテリは中国文化などと言いますが、庶民の間では、もう中国人はほとんど犯罪集団という受け取り方です。

だから日本は、周囲を知らない。韓国人を知らない。コリア人だってシナ人と同じで、低く出れば高く出てくるだけの話です。これがイギリス人なら、低く出れば低く出てくれることを期待してもよいでしょう。日本人は、敵を知らなければいけないのです。

十一、九地篇

——状況に応じた戦い方——

敵を内部から混乱、分裂させる法

【利《り》に合《あ》いて動《うご》き（九地 二）】

【本文】所謂《いわゆる》古《いにしえ》の善《よ》く兵《へい》を用《もち》うる者《もの》は、能《よ》く敵人《てきじん》をして、前後相及《ぜんごあいおよ》ばず、衆寡相恃《しゅうかあいたの》まず、貴賤相救《きせんあいすく》わず、上下相収《じょうげあいおさ》めず、卒離《そつはな》れて集《あつ》まらず、兵合《へいあ》うも斉《ととの》わざらしめ、利《り》に合《あ》いて動《うご》き、利《り》に合《あ》わずして止《や》む。

【解釈】世に言う昔の戦争の上手だった人は、敵軍に前軍と後軍が連絡が取れないようにさせ、大部隊と小部隊とが相互に頼りにならないようにさせ、身分の高い人と身分の低い人が互いに助け合わないようにさせ、上下の人の心が一致しないようにさせ、兵卒は離れ離れになって一か所に集まらないようにさせ、兵がたとえ集合しても戦列が整わないようにさせました。そして味方に有利であれば行動し、有利でなければ行動を起こさなかったのです。

日本軍と日本人の分断を図るインテリたち——渡部

ここは面白い。「身分の高い人と身分の低い人が互いに助け合わないようにさせ、上下の人の心が一致しないようにさせ」というところが重要です。

これは、ソ連の成立から崩壊までのコミンテルンの基本方針です。貴賤を争わせるというのは、ソ連側から見れば階級闘争を起こさせることです。この思想が日本の軍隊にも入っていた。戦艦陸奥《むつ》がなぜ沈んだかといえば、どうもこの船には共産党員の水兵が乗り組んでいて爆沈させたらしいということになっています。この話は小説だから「問題あり」ですが、かなり根拠があるらしい。

とにかく兵隊と将校を切り離す、資本家と労働者を喧嘩させる、先生と生徒でも、校長と教員でも何でもいいのです。これがコミンテルンの基本方針です。

たまたま私はイギリスにいて、テレビでサッチャーの演説を聞きました。党大会だったか、労働党との公開討論会だったかです。サッチャーは偉い、と私は思った。彼女はこう言ったのです。「保守党はいつもかならず、いいことをしてきたとは限らないけれども、少なくとも労働党のように、国民を階級同士で争わせるようなことはしなかった。国を割らせるようなことはしなかった」。労働党としては、そこを指摘されると痛い。サッチャーはまさに、そこを突いたわけです。

『孫子』の本では、そこまで組織だててはいませんけれども、これは共産主義者の愛読書でしたから、将校と兵隊の仲を悪くさせるというあたりからは、絶対にヒントを得ていると思います。

これは、戦後日本のインテリもよく使う手です。谷沢先生がいつも指摘しておられることですが、戦後日本のインテリは「中小企業のおじさんのような人たちがファシズムの担い手だったのだ」と主張する。丸山真男の論理がそうです。日本国民の中堅階級を列挙して、この人たちが戦争犯罪者なのだと言う。

その講演を聞いているのは東大の学生で、話し手は日本の中堅階級を戦争犯罪者としてはっきり見下しながら、「みなさんは東大の学生で、この人たちとは違います」と免罪符を交付する。その講演は雑誌に載り、丸山真男の名声は大いに高まるわけです。何しろ雑誌を読む階級は免罪符を交付されているから、雑誌は売れます。

これが国民の分断です。ソ連も中国も言っています。「戦争責任は日本の軍閥にあって、日本人とは関係ありません」と。こうして、当時の日本軍と日本人を分断しようとするのは、左翼がかった政権のよくやる手です。

ファシズムの担い手とは——谷沢

渡部さんがおっしゃった丸山真男について、少しお話ししたいと思います。

丸山真男が具体的にどういうことを言ったかというと、日本にはまずファシズムがあったということ、そのファシズムは、日本においては中間層が社会的な担い手になっているということです。

そして、「我が国の中間階級、或いは小市民階級という場合に、次の二つの類型を区別しなければならないのであります。第一は、たとえば、小工場主、町工場の親方、土建請負業者、小売商店の店主、大工棟梁、小地主ないしは自作農上層、学校教員、ことに小学校、青年学校の教員、村役場の吏員・役員、その他一般の下級官吏、僧侶、神官、というような社会層」を、疑似インテリゲンチャ、亜インテリゲンチャと呼んで、このグループが日本において、ファシズムの担い手になったと、こう決めつけるわけです。

これは何の証拠もない、まったく一方的な断裁です。

こうして、日本の国民を大きく二つに分けて、片一方にはファシズムについての責任があるが、もう片一方には責任はないと言っているのです。

だから、責任がないと言われたほうからすれば、こんな嬉しい話はない。丸山真男がいわば免罪符を交付したわけですから。

日本の左翼思想には、このようにして裾野を拡げていったという歴史があるのです。

相手がもっとも大切にしているものは何か

【兵《へい》の情《じょう》は速《すみ》やかなるを主《しゅ》とす（九地　三）】

【本文】敢《あ》えて問《と》う、敵衆《てきおお》く整《ととの》いて将《まさ》に来《きた》らんとす、之《これ》を待《ま》つこと若何《いかん》、と。曰《い》わく、先《ま》ず其《そ》の愛《あい》する所《ところ》を奪《うば》えば則《すなわ》ち聴《き》く。兵《へい》の情《じょう》は速《すみ》やかなるを主《しゅ》とす。人《ひと》の及《およ》ばざるに乗《じょう》じ、虞《おもんぱか》らざるの道《みち》に由《よ》り、其《そ》の戒《いまし》めざる所《ところ》を攻《せ》む、と。

【解釈】お尋ねをしたい。敵が大部隊で整然として攻めてこようとするときに、それに対してどのように対処したらよろしいか。それに答えて申し上げます。まず敵が大切にしているものを奪えば、こちらの思い通りになるでしょう。用兵の実情は、速やかに行動することを第一とします。敵の不備につけ込み、思いがけない方法で、敵の警戒していないところを攻めるのです。

日本の痛いところをついたアメリカ――渡部

「其の愛する所を奪えば則ち聴く」――これは前の戦争で言えば、航空母艦を沈めるとか、そういうことだと思います。何しろいちばん重要なものですから。

要は、どこに目をつけるかです。日本は敵が大切にしているものは、日本人が大切にしているものと同じだと思った。だから兵の情に目をつけようとしません。

アメリカのほうは軍艦がいくら沈もうと、飛行機がいくら破壊されようと、いくらでもつくれるからたいして痛くない。前にも言いましたが、痛いのは人間の損傷です。だから日本が攻撃するとすれば、潜水艦でも何でも駆使して、兵隊を満載している輸送船を狙うべきだった。これなら一隻沈めば何千人が死にます。何千人が死ぬということは、向こうにとって、戦艦一隻沈められるよりもはるかに響くのです。

ところが、日本はその逆です。兵隊がいくら死のうと、武器のほうが大切です。日本の場合、とにかく人命が安かった。

アメリカは戦争が始まる前に、日本にとって何がいちばん痛いかを調べた。答えは石油です。だから石油を奪えばどうにでもなると考えて、石油を押さえた。日本にとって、それはいちばん痛いところです。他のモノは、みんな我慢できますが、石油を止められたら戦争でもするしか方法がなかった。そのへんの事情は、子供にも分かりました。

そして昭和十六年の七月ごろです。夏休みの前後だったと思いますが、吉沢謙吉が特派大使として当時のオランダ領東インド諸島、つまり蘭印、いまで言えばインドネシアのジャカルタですが、そこへ行って、石油の交渉を行なったが駄目だった。

そのとき、私は小学校五年生でしたが、目の前が真っ暗になるような感じでした。これで戦争か、というのが分かりました。

そうでしょう、石油は日本がいちばん欲しいもので、連合艦隊だろうが、飛行機だろうが、戦車だろうが、全部石油で動く。しかも、その石油が日本で産出されないことは、子供でも知っていました。

このように、愛するものを奪うというのは、大変なことなのです。

それではいま現在、アメリカがいちばん愛しているものは何かといえば、それは株価です。何しろ、アメリカ国民の財産の七～八割を占めているのが株です。日本で株といっても、財産の二割にもならない。ほとんどの人は、株を持っていません。普通の人の財産は、不動産と貯金です。だから日本で株価といっても、国民的大事件とはなりません。

ところが、これがアメリカでは超大事件になる。だから、「株価を奪うぞ」という姿勢を示せるようなスタンスを持つことが、必要だと思いますね。

最愛のものを奪う――谷沢

敵が愛しているものを奪えばこちらの思いどおりになる。アメリカはまさに『孫子』の考え方のとおりに行動し、日本のウィークポイントが資源にあることを知って、石油を押さえたわけです。

しかし実際のところ日本は、資源がないことをウィークポイントとは思っていなかったと思います。本当にそう思っていたのなら、もっと別の対処の方法があったでしょう。

日本は、自分のほうに軸足を置いて見ていますから、日本がいちばん大切にしているものは、アメリカでもどこでも大切なのだと考えたわけです。その大事なものとは、軍艦を保持することでした。

アメリカは効率を考える国ですから、軍艦はいくらでもつくれる、人的資材のほうが大事であると考えていたわけです。

明治以来、日本は軍艦を整備することにどれだけ苦労していたか。つまり、軍艦をつくるということを、技術としてではなく、国のシンボルとして考えていたわけです。ですから軍艦に対する思い入れには独特のものがありました。

いまアメリカがいちばん愛しているもの、それは渡部さんも言われたように、株価だと思います。それでは日本はどうか。アメリカが圧力をかけてくるとすれば、そのターゲットはおそらく「円」ということになるでしょう。

迷信は禁じなければならない

【祥《しょう》を禁《きん》じ疑《うたがい》を去《さ》れば（九地 四）】

【本文】祥《しょう》を禁《きん》じ疑《うたがい》を去《さ》れば、死《し》に至《いた》るまで之《ゆ》く所《ところ》無《な》し。吾《わ》が士《し》余財《よざい》無《な》きは、貨《か》を悪《にく》むに非《あら》ざるなり。

【解釈】将軍が迷信を禁じ、兵の心から疑惑を去れば、死ぬまで心をほかに移すことはありません。我が軍の兵士が余分な財貨を持たないのは、財貨を憎んでのことではありません。

将軍が神頼みだと危ない——渡部

「祥を禁じ疑を去れば」という言葉がありますが、将軍というのは算《さん》つまり「冷静な計算」が必要ですから、将軍が神頼みだと危ない。ビルマ（現ミャンマー）からインドへ攻め込もうとしたときの牟田口廉也司令官は神道に凝って、陣中で神主さんみたいなことをやっていたらしい。

算が重要なことは分かっていても、計算をすると攻めていくわけにはいかない。だから神がかりになってしまう。これは絶対にいけない。そしてやはり兵士にも、神がかりを禁じるような雰囲気をつくらなければいけません。「将軍が迷信を禁じ」とありますが、将軍はもちろん、兵士にもやらせてはいけないことです。

あれは武田信玄だったと思いますが、出陣のときに白い鳩が降りてきた。鳩は八幡神宮のお使いとされていたので、みんな「瑞祥《ずいしょう》だ、瑞祥だ」と喜んだが、信玄は弓でその鳩を射落としてしまった。周りの者が「なぜそんなことをなさるのですか」と尋ねたのに対して、信玄は「次の戦のとき、鳩が降りてこなかったらどうする」と答えたそうです。

『孫子』はここで祥を禁じる、神がかるなと書いていますが、日本という国はよく神がかる。なぜミッドウェーのあたりへ出ていったかというと、五月二十七日が海軍記念日だったからです。近代戦を戦っているときに、バルチック艦隊を破った日だから出撃するという発想はどうですか。

これはもう、開いた口が塞がらない。連合艦隊の参謀長は作戦を立てる暇がなくて、まだ準備が整っていなかった。もっと準備期間を欲しがっていた。しかし海軍記念日のほうが大切だったのです。

真珠湾攻撃のときに原因があります。帰投してきた飛行機隊の隊員が不満を抱えている。真珠湾攻撃には特殊潜航艇も出撃していて、全員戦死したために九軍神として二階級進級し、軍神とされています。

ところが、特殊潜航艇がアメリカの軍艦アリゾナを沈めたことになっているのに、飛行士は「そんなはずがない」と言っている。「俺たちがアリゾナを攻撃して沈めたのだ。アリゾナは脇に輸送船がいたから、魚雷を撃てば、かならず輸送船に当たったはずだ。アリゾナに当たるはずがない」と主張するわけです。

それで、そんな戦果の分からない者たちをなぜ二階級進級させて、軍神にしたんだと彼らは言う。そのときハワイを攻撃して戦死したのは五十何人かいるんですが、その人たちはまだ進級が決まっていない。

航空隊員の不満と、士気低落を恐れて、飛行機で死んだ者も何とか二階級進級させたいと、参謀長は方々にかけずり回って交渉していて、作戦を立てる暇がなかった。

何をか言わんやです。大体、連合艦隊の参謀長が二階級進級のことでかけずり回っているというのがおかしい。しかし参謀長にしてみれば、それをやらないと隊員の間に不満が溜まって飛行隊の士気が上がらない。だからといって、あの大作戦に参謀長があまり関わっていないというのは、ひどい話です。

それにしても、その二階級進級の九軍神についてです。五隻の特殊潜航艇に九人の軍神というのはおかしい。これはアメリカからの情報で分かったことですが、一人は水際に打ち上げられて、人事不省《じんじふせい》のときに捕虜になっていた。捕虜を軍神にするわけにはいかないので、九人になったわけです。私なども子供心に、何で「五隻で九人の軍神なんだろう」と不思議でした。子供にもおかしいと分かることを海軍の首脳がやっていたのです。

それにしても、空襲であれだけの手柄を立てて戦死した人を軍神にしたほうが、すっきりしましたね。「絶対に死ぬ」という攻撃法は取らないというのが東郷平八郎以来の海軍の基本方針でしたが、あのときにあえて破った。だから破ったほうも、それを最高の宣伝に使いたかったわけです。

神仏についての建前と本音——谷沢

家を建てるときには、どうしても地鎮祭をやらなくてはならないという国ですから、迷信や縁起をかつぐといった発想は、庶民レベルではいまもあると思います。

しかし昔の日本が、迷信で凝り固まった神がかりの国であったかというと、そうでもないようです。そうした本音の部分がよく分かるのが、室町時代に、斯波義将《しばよしまさ》という武将が書いた『竹馬抄』という本で、そこにはこう書かれています。

「仏神を崇め奉るべきことは、人として当然のことであり、改めて言うこともない。しかし、これについてはいささか心得ておくべき道理がある。仏がこの世に現れたもうたことも、神が姿を現されるというのも、すべては世のため人のためという思し召しによるものである。人間に罰を加えられることが目的ではない。

人の心を美しくし、仁、義、礼、智、信の五つの徳を明らかにし、人の生きるべき道を示すことこそが、仏神の御心である。それ以外のどんな理由で、この世にお出ましになることがあろうか。

このようなご本心を理解しないから、御仏を信ずるからと言って人民を苦しめ、その財物を奪って寺院を建てる、あるいは神を敬うのだと言って人々の領地をかすめ取り、祭礼を行なうといったことばかりが横行するのである。このようなことでは、仏神の御心にも背き奉ることばかりであると思われる。

たとえ仏前に一度の供養もせず、神前に一度の参詣をもすることなかろうとも、心正しく慈悲深い人に対しては、神も仏も決しておろそかになさらないであろう」

これを読むと分かるように、決して神仏一辺倒ということではなかったわけです。日本の政治の歴史の中でも、安定した政権というのは、こうした神仏についての建前と本音とを、ちゃんと使い分けしています。

ですから、戦争中に「神軍」などと言ったりしたのも、全部、あれは建前なわけです。その建前の根底に、戦略的なものがあったということです。

危機に直面すれば団結する

【呉《ご》人《ひと》と越《えつ》人《ひと》とは相悪《あいにく》むも（九地　五）】

【本文】故《ゆえ》に善《よ》く兵《へい》を用《もち》うる者《もの》は、譬《たと》えば率然《そつぜん》のごとし。率然《そつぜん》とは常山《じょうざん》の蛇《へび》なり。其《そ》の首《かしら》を撃《う》てば則《すなわ》ち尾至《おいた》り、其《そ》の尾《お》を撃《う》てば則《すなわ》ち首至《かしらいた》り、其《そ》の中《なか》を撃《う》てば則《すなわ》ち首尾《しゅび》倶《とも》に至《いた》る。敢《あ》えて問《と》う、兵《へい》は率然《そつぜん》のごとくならしむべきか、と。曰《い》わく、可《か》なり。夫《そ》れ呉人《ごひと》と越人《えつひと》とは相悪《あいにく》むも、其《そ》の舟《ふね》を同《おな》じくして済《わた》り風《かぜ》に遇《あ》うに当《あ》たりて、其《そ》の相救《あいすく》うこと、左右《さゆう》の手《て》のごとし、と。是《こ》の故《ゆえ》に馬《うま》を方《なら》べ輪《わ》を埋《うず》むるも、未《いま》だ恃《たの》むに足《た》らざるなり。勇《ゆう》を斉《ととの》えて一《いつ》のごとくするは、政《まつりごと》の道《みち》なり。剛柔《ごうじゅう》皆《みな》得《う》るは、地《ち》の理《り》なり。故《ゆえ》に善《よ》く兵《へい》を用《もち》うる者《もの》は、手《て》を携《たずさ》えて一人《いちにん》を使《つか》うがごとくす。已《や》むを得《え》ざればなり。

【解釈】そんなわけで、軍を動かすのが上手な人は、たとえると率然のようなものです。率然とは常山にいる蛇です。その頭を撃つと、その瞬間に尾が助けに来、その尾を撃つとその瞬間に頭が助けに来、その中腹を撃つとその瞬間に頭と尾がともにやってきます。お尋ねしますが、軍隊は率然のようにすることができますか。お答え申し上げます。それはできます。そもそも呉の人と越の人とはお互いに憎み合っていますが、同じ舟に乗り合わせて川を渡るときに、突然強い風に遭えば、彼等が互いに助け合うことは、左と右の手がお互いに助け合うようなものであります。そんなわけで、戦車用の馬を並べて結び付け、戦車の車輪を土の中に埋めて、陣の備えを固くしたとしても、まだ頼りにするのには不十分です。すべての兵士の勇気を一様にして進退を共にさせるのも、軍の制度の運用によるのであります。剛強な者も柔弱な者も十分な働きをするのは、そうさせる地勢の道理によるのであります。そこで軍を動かすのが上手な人は、軍隊を協力させて、まるで手を携えて一人を使うようにします。これは兵士たちがそうしないわけにはいかないからです。

第二次大戦に見る呉越同舟――谷沢

有名な「呉越同舟」ですね。『孫子』では同じ舟に乗り合わせた呉の人と越の人とは憎み合っているけれども、「其の相救うこと、左右の手のごとし」となっている。だから危急の場合には両方が助け合って、お互いに救助することになっていますが、現在はその意味がほとんど消えてしまって、ひとつの舟に敵同士が乗り合わせているという比喩として使われますね。

しかし、それでは意味をなさない。同じ舟に乗っている二人が、どうして仲良くなるのかという理由が分かりません。これは「危機に瀕しているから」という大前提があって、はじめて成り立つことです。

この諺がよく当てはまるのは、前の戦争で、イギリス、アメリカとソ連が一緒になったことでしょう。だからヒトラーという危機が去れば、呉と越は戦うことになります。戦争が終わる前から、もう互いに駆け引きを始めている。

あのときにいちばんお人好しだったのは、ルーズベルトでした。チャーチルはさすがに見事で、スターリンの野望を見抜いていた。スターリンはスターリンで、ドイツとの戦争がすんだ瞬間から、東ヨーロッパへ侵攻しようと狙っていました。それから満洲に侵入しようと考えていた。だから、元の意味の呉越同舟というのを、よく知らなければいけないということです。

呉越同舟とは、やむを得ずのものであって、本当に仲良くなっているのではないということ。そこのところを考え違いして、両方が本気で仲良くなるようなことがあり得ると思うところに、お人好しの理論が出てくる。ルーズベルトがスターリンにしてやられるわけです。

ここで一戦交えれば、共倒れになると分かるからこそ、その場限りでもお互いが助け合うので、その舟が島に着いたらもう終わりなのです。

ですから、この呉越同舟の関係というのは、常に一寸先は闇という、非常に危険な状態であると考えなければいけないと思います。

プロパガンダを鵜呑みにする学者たち――渡部

第二次大戦のときは本来の意味で、まさに呉越同舟でした。ところが日本の国際関係の学者には、敵側の戦時プロパガンダを鵜呑《うの》みにして、「ファシズム対デモクラシー」で手を組んだと考えている人が多いから、困ります。本来の仲の悪さを避けてしまっている。

この呉越同舟を現代の日本で言えば、小沢一郎と自民党でしょうか。小沢と小渕の二人を見ていると、いまの経済危機を乗り切っていくためには、仕方がないというところでしょうか。それから「率然とは常山の蛇《へび》」ですが、これは頭を撃てば尾、尾を撃てば頭、中を撃てば両方で反撃するという話ですが、軍隊でどうするのかは知りません。ただ個人としては、こう生きるべきではないかという気がします。

何だかんだと手を回して、要するに単細胞でなく動くということでしょう。これは、率然のごとく生きるべきだと思います。

将たる者は、秘密主義でゆく

【能《よ》く士卒《しそつ》の耳目《じもく》を愚《ぐ》にして（九地 六）】

【本文】将軍《しょうぐん》の事《こと》は、静《せい》にして以《もっ》て幽《ゆう》に、正《せい》にして以《もっ》て治《ち》なり。能《よ》く士卒《しそつ》の耳目《じもく》を愚《ぐ》にして、之《これ》を知《し》ること無《な》からしむ。

【解釈】将軍のなす務めは、心静かでかつ人に知られないように奥深く行われ、正しくて適切に処理されます。将軍は士卒の耳目をくらませて判断を誤らせ、彼らに将軍の行おうとしていることの内容を分からなくさせることができます。

将たる者の胸の内——渡部

これはまさに、桶狭間の前の織田信長ですね。今川勢と戦う前の織田家の家来は、ほとんどが織田方の負けと思い、隙あらば寝返りを打とうと思っていた者も相当いたはずです。

ところが信長は、桶狭間のあたりで義元を討とうと思っているわけです。これがわずかでも兵士に洩れたら、かならず「御注進、御注進」と今川方に報告して寝返りを打つ者が出てくる。だから「突っ込めーっ」と言うまで、だれにも信長は自分の作戦を知らせなかった。将たる者の心の奥深くで、それは行なわれていたわけです。

真珠湾を攻撃したときの日本にも、そういうところがありました。だれにも分からせていない。将というものは、そういうところがなければいけません。

ハーマン・ウォークという人が書いた『戦争の記憶』という本を読んでも、アメリカのルーズベルトがそうでした。彼は戦争をしたいという自分の気持ちを、いかに国民に隠していたか。あらゆる手を打って日本を戦争に巻き込もうとしながら、国民には「戦争をしない、しない」と言いつづけた。

戦後もう時間が半世紀以上も経っているので、機密文書もほとんど出尽くしています。そしていま、裁判が起こっている。ハワイで日本の攻撃を受けたときの司令官キンメル大将の裁判を遺族が起こしています。ルーズベルトが攻撃を受けるのを知っていて情報を流さなかったのはけしからんというわけです。

戦争中の機密文書を、遺族は調べ尽くしていると思います。弁護士もそうでしょう。それでなければ、裁判を起こしたりしません。ルーズベルトが死んで半世紀ですから、死者の名誉を躍起になって弁護する必要もありません。

ただ、こんな裁判を日本で起こせるでしょうか。ルーズベルトという人を知るためには結構なことですが。

信頼が不安を払拭する――谷沢

「将軍のなす務めは、心静かでかつ人に知られないように奥深く行われ」というのはつまり、将軍というものは、兵士にすべてを知らせることはできないということです。

すべてを知らせることができないがゆえに、ほとんどすべてを知らせない。したがって問題は、知らされないという状況が普通の状態であると兵士が思うように、いかに仕向けるかということです。

何も知らされていないことで兵士が不満を持つというのは、シナの場合はどうか分かりませんが、この時代にそんなことはあり得ないとも思えるのですが、とにかく将軍は、そういう不平を持つことがないように、平素から習慣づけておかなくてはいけないということです。

これは先ほどの将軍の命令権とも関係してきますが、要するに習慣の問題です。信長の部下はだれも、目的を知らされないことについて、不平を抱いていませんでしたからね。将軍が何を考えているのか分からないという不安を、不安と思わせないこと、それがつまり、将軍に対する信頼なのです。

渡部さんが話されたルーズベルトの場合ですが、彼はまず国益を考えたわけです。この戦争はアメリカの得になる。しかしそれが得になるということを国民に説得することは不可能だということで、今度は逆に出て、「戦争をしない、しない」と言い続けたわけです。

まさに将軍のなす務めが、心静かでかつ人に知られないように奥深く行なわれた、ということでしょうか。

相手の考えをどう推察するか

【諸侯《しょこう》の謀《はかりごと》を知《し》らざれば(九地 八)】

【本文】是《こ》の故《ゆえ》に、諸侯《しょこう》の謀《はかりごと》を知《し》らざれば、予《あらかじ》め交《まじ》わる能《あた》わず。山林《さんりん》・険阻《けんそ》・沮沢《しょたく》の形《かたち》を知《し》らざれば、軍《ぐん》を行《や》る能《あた》わず。郷導《きょうどう》を用《もち》いざれば、地《ち》の利《り》を得《う》る能《あた》わず。

【解釈】そんなわけで、諸侯の腹のうちが分からなければ、あらかじめその諸侯と親交することはできず、山林や険しいところや湿地帯などの地形を知らなければ、軍を進めることはできません。その土地の道案内を用いなければ、地形上の利益を得ることはできません。

心ある外交官の言葉を無視した日本——渡部

諸侯の謀というのは、いろんな国の謀ということでしょう。だからヒトラーが何を考えているか、アメリカが何を考えているかということが分からなければ、国交などできるわけがない。ところが日本は、ヒトラーが何を考えているかが分からなかった。それで三国同盟なんかを結んだわけです。

この同盟は反共同盟でした。ところがヒトラーは、いきなりソ連と不可侵条約を結びました。これに対して日本は、「欧州の情勢は複雑怪奇」などと言っている。だから諸侯が何を考えているかが分からなかった。分からないというより、分かろうとしなかった。

次の「山林・険阻・沮沢の形」というのは、当時の軍隊ですから地形ということでしょうが、それにしてもイギリスが本当はどの程度の潜在力を持っているのかを、知ろうとしなかった。

だから心ある外交官、たとえばストックホルムに駐在していた小野寺公使などは、「イギリスをなめてはいけません。ヒトラーはイギリスを落とせません」と本国に電報を打つ。ところが日本は、それを取り上げようとしません。

特派員の中にも、同じような電報を打った人がいますが、朝日新聞を含めて、当時の日本の新聞のデスクは、そんなことを絶対に取り上げようとしない。ドイツの強さばかり強調して、イギリスの強さを無視してしまった。当時の新聞の責任は大きいですね。

そのころなら、まだイギリスのことを書いても、発行禁止にはならなかったと思う。戦争が始まってからは完全に軍部のコントロール下にありましたが、それ以前なら、どこどこ発で「イギリス侮るべからず」というニュースをちょっと入れても、文句は出なかった。文句が出たとしても、発行禁止にはしなかったと思います。ところがそれをしないから、どんどんドイツとの同盟賛成のほうに流されてしまった。

これは「山林・険阻・沮沢」という言葉にピッタリしませんが、もっと大きな国の形、政治の形などとすれば、当てはまらないこともない。

「郷導を用いざれば、地の利を得る能わず」——これには日本が痛い目に遭っています。先ほども触れたように、ラバウルからガダルカナルまで戦闘機が飛ぶ。これはラバウルでなくてもいいし、ガダルカナルでなくてもいい。

当時、アメリカとオーストラリアは周辺のすべての現地人に、飛行機が飛んだらすぐに知らせるように手配しておいた。だから、日本の飛行機がいつごろ、何機ぐらい、どの方向に飛んだということがすぐに分かってしまう。これは一種の郷導です。

逆に日本には、それを教えてくれる人がいなかった。フィリピンなども、ほとんどが反日ゲリラだったわけです。ところが日露戦争のときには、シナ人や満洲人の多くが日本のためにやってくれました。昭和の軍人にはその力量がなかったというか、そこまで気が回らなかった。敵の郷導があるところで作戦をやってはいけません。叩きつぶすだけの力があれば別ですが……。

だからトラック島が危ないからラバウル、ラバウルでは危ないからガダルカナルと戦線拡大にきりがありません。日本側で本当に郷導があったのは、旧委任統治領だった南洋諸島（現在のミクロネシア。アメリカの信託統治領）ぐらいのものですが、そこはほっぽらかしで、十分な防備がありませんでした。

相手の立地条件を知る――谷沢

将たる者は戦いに際して、諸侯が何を考えているか、何を目的としているかということを、あらゆる手段を通して推定すべきだということ。その場合には、やはり立地条件がいちばんの問題です。

たとえば武田信玄が何を考えているかということ、これは皆分かっているけれども、しかしその信玄が、明日、京都へ出ようとしてもできないということもまた、皆が知っているわけですね。

したがって、そういう立地条件による諸侯の謀をどう推定するかということが将たる者の大きな役割になってきます。しかしこれは当たり前のことであって、相手が何を考えているのかということを理解しないでは、何事もできないわけです。

天正年間に、織田信長が北陸に軍隊を集めるのですが、そのとき秀吉が、それは間違っていると進言します。上杉謙信が本気で京都へ攻め上ろうとはしていないと、秀吉は考えたからです。

結局、秀吉は信長の指令に逆らい、北陸の陣営から離脱して国に帰りますが、その時点で、信長以上に秀吉は、謙信の謀なるものを読んでいたと言うことができるのです。

また、のちに秀吉が、中国攻めに非常に自信を持ったのは、黒田官兵衛を手に入れたことによるわけですね。ですから「土地の道案内」とは、いまでいうブレーンと言ってもいいと思います。

報酬はたっぷり与えよ

【無法《むほう》の賞《しょう》を施《ほどこ》し（九地　八）】

【本文】無法《むほう》の賞《しょう》を施《ほどこ》し、無政《むせい》の令《れい》を懸《か》け、三軍《さんぐん》の衆《しゅう》を犯《もち》いて、一人《いちにん》を使《つか》うがごとくす。之《これ》を犯《もち》いるに事《こと》を以《もっ》てして、告《つ》ぐるに言《げん》を以《もっ》てすること勿《な》かれ。之《これ》を犯《もち》いるに利《り》を以《もっ》てして、告《つ》ぐるに害《がい》を以《もっ》てすること勿《な》かれ。之《これ》を亡地《ぼうち》に投《とう》じて、然《しか》る後《のち》に存《そん》し、之《これ》を死地《しち》に陥《おとしい》れて、然《しか》る後《のち》に生《い》く。夫《そ》れ衆《しゅう》は害《がい》に陥《おちい》りて、然《しか》る後《のち》に能《よ》く勝敗《しょうはい》を為《な》す。

【解釈】法外の厚い賞を施し、非常措置の命令を掲げれば、大軍の大部隊を用いても、一人を使っているようなものであります。軍隊を動かすのには、任務のみを告げ、その理由などを知らせてはいけません。軍を動かすのには利益を示すことによってし、害になることを告げてはいけません。軍隊を滅亡するしかない状況に陥れてこそ、生き残り、軍隊を死ぬしかない状況に陥れてこそ、生存するのです。そもそも軍というものは危険な状況に陥ってこそ、初めて勝敗を自由にすることができるのです。

戦後の平等主義は活力を低下させる——渡部

「無法の賞を施し」ですが、これで思い出すのは、ある技術系の人が戦前に重要な特許をとった。そうしたら、ときの社長は彼に、百カ月分の特別ボーナスを出してくれたそうです。戦前は大抵そうでしたが、これは明らかに「無法の賞」です。何か役に立つことをすると、ものすごい報酬をくれる。その賞を受けた者は、それで奮い立ったのだと思います。

ところが戦後は一種の平等主義で、そういう突飛なことができなくなった。それが蓄積されていくと、活力の低下ということにつながります。そうすると、「死地に陥れ」なければ、本当に一所懸命にならなくなる。これを会社に適用しますと、これまでは終身雇用で、「潰れっこないや」という感じでやっていた。

ところが、それでは兵は奮い立ちません。おそらく今後は、「死地に陥れ」の方向に向かうと思う。これまでは何でも身分保障、身分保障できましたが、『孫子』はここで、まったく保障がないことを極端な形で言っているのだと思います。

日本の戦前の場合、「日本が滅びたら、お前たち、奴隷だぞ」などと言われて、特攻隊も出た。ある意味で、日本は死地に陥れて戦ったわけです。ただ、相手のアメリカが強すぎた。これがイギリスだとかドイツ、あるいはソ連だったら、相手がどこだろうと日本は負けません。

何しろ、日本は死地に赴いたんですから。

能力主義の時代には破格の扱いを――谷沢

『孫子』は、報酬を与えるならけちけちするな、ということを言っています。思いきった賞を出せということですね。

日本では、何か功績をあげても、横並びで評価するというか、むしろ会社全体を潤すという、そういう報酬の仕方をしていました。

しかしこれからの時代はやはり、有能で際立った功績のある者に対しては、これまでのように、ちょっと差別化するという程度の評価ではなく、明らかに破格の扱いという、そういう評価のされ方が当然出てくるでしょう。

そして何よりも、功績のあった者を皆に知らせるということが大事ですよね。

始めは処女のごとく、後は脱兎のごとく

【始《はじ》めは処女《しょじょ》のごとくして（九地　九）】

【本文】故《ゆえ》に兵《へい》を為《な》すの事《こと》は、敵《てき》の意《い》に順詳《じゅんしょう》するに在《あ》り。敵《てき》に并《あわ》せて向《こう》を一《いつ》にし、千里《せんり》にして将《しょう》を殺《ころ》す。此《これ》を巧《たく》みに能《よ》く事《こと》を成《な》す者《もの》と謂《い》うなり。是《こ》の故《ゆえ》に、政《まつりごと》挙《あ》がるの日《ひ》、関《かん》を夷《とど》め符《ふ》を折《お》りて、其《そ》の使《つかい》を通《つう》ずること無《な》く、廊廟《ろうびょう》の上《うえ》に厲《はげ》まし、以《もっ》て其《そ》の事《こと》を誅《せ》む。敵人開闔《てきじんかいこう》すれば、必《かなら》ず亟《すみや》かに之《これ》に入《い》り、其《そ》の愛《あい》する所《ところ》を先《さき》にして、微《ひそ》かに之《これ》と期《き》し、践墨《せんぼく》して敵《てき》に随《したが》い、以《もっ》て戦事《せんじ》を決《けつ》す。是《こ》の故《ゆえ》に、始《はじ》めは処女《しょじょ》のごとくして、敵人戸《てきじんこ》を開《ひら》く。後《のち》は脱兎《だっと》のごとくして、敵拒《てきふせ》ぐに及《およ》ばず。

【解釈】そんなわけで、戦争を行ううえで重要なことは、敵の意図を詳《つまび》らかに知ることです。敵の進路に合わせて、敵と会う目的地を設定し、千里の遠方より駆けつけて、敵の将軍を殺します。これを巧みに事を成し遂げる者と言うのです。そんなわけで、開戦という決定がなされた日には、関所を封鎖し、旅券を廃止し、敵味方の使節の往来を禁止して機密が漏れないようにし、また朝廷においては、軍事の面について責任を持たせます。敵に

すきが見えたならば、必ずすぐにそこから侵入し、まず敵の重要とする地点を攻撃しますが、それはひそかに将軍の心の中で決めるだけで他人に知らせず、敵の行動に応じて自分も行動し、そうして戦って勝敗を決するのです。ですから、初めは処女のようにおとなしく行動しますので、敵は油断をしてすきを見せます。そうしておいて、あとは兎が逃げるときのように素早く敵のすきをついて行動しますから、敵は防ぎようがないのです。

本当の脱兎はミッドウェーだった――渡部

「始めは処女のごとく」で、「後は脱兎のごとく」ですね。このはじめのほうにある「敵の意に順《じゅん》詳《しょう》するに在り。敵に并《あわ》せて向を一にし、千里にして将を殺す」を読んだとき、いちばん最初に私の頭に来たのはミッドウェーです。

あのとき、敵は日本の暗号を解読して、明らかに迎え撃つ態勢を整えていた。日本軍の進路に合わせて遭遇する目的地を設定し、千里の遠方から駆けつけて航空母艦を置き、それで敵の、つまり日本の将を殺した。日本の機動部隊を殺したわけです。まったく嫌になるほど、それを感じます。

あるいは山本五十六が殺されたのも、これです。やはり暗号を解読し、何月何日、どのへんに山本長官が飛んでくるということが分かっていた。それを待ち伏せして、長官機を落としたわけです。文字どおり、千里にして将を殺した。『孫子』もこのあたりは不愉快ですが、しかし本当でした。

ここに有名な諺が出てきますね。「始めは処女のごとく」「後は脱兎のごとく」——これは脱兎のごとく逃げろと言っているわけではなく、要するに速いということでしょう。アメリカにすれば、「オレたちはこうだった」と言いたいところです。昭和十六年の終わりに始まって、十七年はミッドウェーを除いて、アメリカはほとんどが防衛戦でした。それで航空母艦を十何隻、戦艦を何十隻もつくって、脱兎のように攻めてきたわけです。

ここに「敵人戸を開く。後は脱兎のごとくして、敵拒《ふせ》ぐに及ばず」とありますが、日本は防ぐわけにいかなかった。あのころの戦争を見ると、もう三カ月あれば、もう六カ月あればというところを、敵は間をおかずに次々に攻めてくる。

たとえばギルバート諸島に来た、タラワ、マキンが落ちた。「その次は」と準備して、あと三カ月あればというときに、クエゼリン島に来た。もう半年あればというときにはサイパンに来ている。待たせないのです。レイテ湾でもどこでも、もう少しあればというところを、すべて脱兎のごとく攻めてきました。

ようやく間に合ったのが、沖縄と硫黄島でしょうか。司令官が偉かったということもあるでしょうが、遅かった。ガダルカナルが落ちてからはまさに脱兎でしたね。スピード、スピード、スピードです。日本軍はあとで、昭和十七年の一年間何をやっていたのかと反省したというのですが、考えてみれば本当に重要なことは何もやっていませんね。

それから脱兎といえば、マッカーサーは戦後、尊敬はされたけれども大統領にはならなかった。なぜかと言うと、マッカーサーはよけいな戦争をしたと言われている。回り道をしてしまった。本当の脱兎はニミッツ（第二次大戦の太平洋艦隊司令長官）だったということです。

ニミッツはサイパンを落としたら、寄り道をせずに直接日本に上陸しようとしました。これが実行されていたら、日本側では何も準備をしていなかったから、本当に、サイパンからいきなり来られたら、日本人はまったくのお手上げでした。

ところが実際はどうだったか。昭和十九年にサイパンが落ちて、マッカーサーはそれからレイテ湾へ行き、ルソン島で戦い、硫黄島、沖縄と来た。日本側は敗れはしたものの、それぞれに迎え撃つ準備が整っていた。

結果として、ニミッツが正しかったわけです。軍事専門家が言うには、もしニミッツの作戦どおりに事が進んでいたら、原爆も必要なかったし、フィリピンを戦場にすることもなかった。日本は昭和十八年の末か十九年のはじめに東京を失っていたことは確かです。だから、マッカーサーの評価は上がらなかったのです。本当の脱兎は、ニミッツだったわけです。

マッカーサーは、なぜそんな回り道をしたか。「アイ・シャル・リターン」です。フィリピンを追われて、「アイ・シャル・リターン」――「オレは戻ってくる」と言ったからリターンしなければならない。つまり面子《メンツ》をかけた戦いです。そのために何万人かを殺すことになりました。

戦後、あの恐ろしい日本をうまく統治したと彼は評価を高めましたが、時間が経つにしたがって、余計な戦争をしたのではないかという声が強くなったわけです。

しずしず攻めて素早く落とす――谷沢

ここで『孫子』が考えている戦は、敵が最初から全力をあげて突入してくることがないように、こちらからはおとなしやかに攻めていき、向こうに「なーに、たいしたことはない」と思うように仕向けておいて、油断したところをどーんと一気に攻めるというもの。

ですから、「処女のごとく」というのは、しずしずと攻めて敵に油断させるような、そういう攻め方を言うわけです。そして、よく誤解されるようですが、「脱兎のごとく」というのは逃げるということではなく、瞬間速度の素早い対応という意味なのです。

まったく渡部さんがおっしゃるとおりで、ガダルカナルが落ちてからのアメリカは、スピード、スピードでまさに脱兎でした。

そしてマッカーサーの回り道によって、アメリカはますます戦力を蓄え、これに対して日本の場合は、戦力の出し惜しみまでやったわけですね。

十二、火攻篇

――火攻めの原則と方法――

もっとも効果的な攻撃法とは

【火攻《かこう》に五有《ごあ》り（火攻　一）】

【本文】孫子《そんし》曰《い》わく、凡《およ》そ火攻《かこう》に五有《ごあ》り。一《いち》に曰《い》わく、人《ひと》を火《や》く。二《に》に曰《い》わく、積《し》を火《や》く。三《さん》に曰《い》わく、輜《し》を火《や》く。四《し》に曰《い》わく、庫《こ》を火《や》く。五《ご》に曰《い》わく、隊《たい》を火《や》く、と。

【解釈】孫子が言います、およそ火攻めには五種類あります。第一に兵士を焼き討ちする、第二に野外に集積されている物資を焼く、第三に敵の物資輸送中の輜重隊を焼く、第四に物資の貯蔵庫を焼く、第五に敵の行止の部隊に放火して、乱に乗じて攻めることです。

アメリカは早くから日本の火攻を考えていた――渡部

ここにあるのは当時の戦争ですから、また違うでしょうが、本当の火攻があったのは無差別爆撃です。

戦後、私は源田実さん（ハワイ攻撃の機動部隊の航空参謀、戦後参議院議員）にこの前の戦争についていろんなことを尋ねたのですが、そのときの質問のひとつに「いちばん手強い敵はだれでしたか」というのがあった。何しろ源田さんは、ハワイのパール・ハーバーの戦いから最後の紫電改の松山航空隊までの、責任者だった人です。

私はミッドウェーのスプルーアンスとか、司令官のニミッツとか、レイテ沖のハルゼー提督とか、そんな名前が出てくるだろうと思っていたのに、彼は「カーチス・ルメイです」と言った。

カーチス・ルメイというのは、戦略爆撃隊を発想した男です。一千機ものB29をサイパンに集めて、日本中を焼き払った。日本中がこんなに焼き払われるとは、だれも考えつかなかった。火攻です。あれこそ、まさに火攻です。

ところが、この火攻は、ルメイが初めて考えついたことではありません。アメリカは昔からこれを考えていた。オレンジ計画というのがあります。日露戦争直後にエドワード・ヘンリー・ハリマンというアメリカの鉄道王が来日して、ロシアから割譲された南満洲鉄道を一緒に経営しようかという話が出た。

ところが、小村寿太郎の反対でこの話は御破算になりました。その瞬間から、アメリカは日本を仮想敵国と見る。日露戦争が終わって、その秋ごろに日露講和条約が締結されたその翌年から、オレンジ計画は始まります。これは、日本と戦争をするための計画です。その計画の中に、日本の家は木と紙でできているから、焼き払ってしまうのが効果的だとある。

当時はすでにハーグの陸戦規約ができていて、民家に爆弾を落とすことは禁止されていました。飛行機が発明されると同時に、その恐るべき効果が分かっていたわけです。アメリカはそんなものがあることを無視し、作戦として日本を焼き払うことを考えていた。

アメリカの考えは、その後も消えません。昭和十六年の九月ごろですが、アメリカの参謀本部は当時のシナに大量の戦闘機や長距離爆撃機を送り、これに予備役のアメリカ人飛行士を乗せて、日本を無警告・無差別爆撃するという計画を立てた。ルーズベルトはその計画を見て、OKのサインをしているのです。

だからアメリカは、はじめから日本を焼き払うつもりだった。ハーグ条約があろうとなかろうと、日本を無警告・無差別爆撃する腹でいたのです。それが作戦ならば、まだ許せます。オレンジ計画も作戦だから、まあ、いいとしましょう。

ただ、日本がハワイ攻撃をする三カ月前に、アメリカ大統領は日本を焼き払う攻撃にOKを出しているのです。無警告・無差別爆撃です。それが実行されなかったのは、参謀総長のジョージ・マーシャルがヨーロッパ戦線のほうが緊急だと主張したためです。当時、アメリカはまだ飛行機の大々的な生産には入っていなかった。余っている飛行機があるなら、全部ヨーロッパに回せと譲らなかった。

だからアメリカは、はじめから日本を焼き払う計画だったのです。それを徹底的にやったのが、カーチス・ルメイです。これによる日本側の死者は、アウシュビッツで殺されたユダヤ人よりも多かったと思う。「ホロコースト」というのは焼き殺すという意味らしいですが、本当のホロコーストを体験したのは、日本の六十余都市と、ドイツのドレスデンでしたね。

ところが日本の真珠湾攻撃を見ても、軍事施設以外には爆弾を一発も落としていない。ハワイ市民から怪我人が出たなどと言う人もいますが、それはアメリカ軍の高射砲の破片であって、日本軍の攻撃のためではありません。

自慢じゃないが、日本軍には意図的に民間を攻撃するだけの爆弾がありません。何しろ爆弾一発は、家一軒などよりも高いですから、もったいない。

B29の火攻め――谷沢

『孫子』はここで火攻めのスタイルを全部挙げていますが、こうした火攻めが、日本に対して行なわれるなどとはまったく想像もしないでいました。

ところがアメリカには、B29で日本を火攻めするプランがすでにできていたわけで、日本はそれに対して、一切警戒していなかったのです。

勝負にこだわり本来の目的を見失うな

【火《ひ》を以《もっ》て攻《こう》を佐《たす》くる者《もの》は明《めい》なり（火攻　三）】

【本文】故《ゆえ》に火《ひ》を以《もっ》て攻《こう》を佐《たす》くる者《もの》は明《めい》なり。水《みず》を以《もっ》て攻《こう》を佐《たす》くる者《もの》は強《きょう》なり。水《みず》は以《もっ》て絶《た》つべくして、以《もっ》て奪《うば》うべからず。夫《そ》れ戦《たたか》い勝《か》ち攻《せ》め取《と》りて、其《そ》の功《こう》を修《おさ》めざるは凶《きょう》なり。命《めい》じて費留《ひりゅう》と曰《い》う。

【解釈】そのようなわけで、火を用いて味方の攻撃を助けるものは聡明な知恵によるのであり、水を用いて味方の攻撃を助けるものは強大な兵力によるのであります。水は敵を遮断し孤立させることはできますが、敵を奪い取ることはできません。そもそも戦闘で勝ち、敵を攻撃しそこから奪い取っても、全体的な戦争の勝利を追求しないで、だらだら戦争を続けるのは凶であります。それを名づけて費留（莫大な戦費をかけ、長く兵を国外にとどめる無駄遣い）と言うのです。

費留は高くつく――渡部

「火を以て攻を佐くる者は明なり」――これを考えたときの孫子は、もちろん普通の意味の火攻めで、無差別爆撃ではなかった。「水を以て攻を佐くる者は強なり」は、先に谷沢さんがおっしゃったように、考えついたのは秀吉ぐらいのものでしょう。

ただ、こういうことがありました。朝鮮戦争のときに、アメリカ軍の敗色が濃くなったことがあった。そのときアメリカ軍は北朝鮮を叩くために、水豊ダムを爆撃するのではないかという話が出ました。あれは戦前に日本が、当時の財力を尽くしてつくった東洋一の大ダムです。北朝鮮はそれを利用して、工業を興した。それを爆撃したら、北朝鮮が全部流されてしまうかも知れないぐらいの大ダムです。

さすがのアメリカも、このダムの爆撃はしなかったという記憶があります。これを爆撃したら文明の敵だ、などという新聞記事が出たような気がします。

それから「戦い勝ち攻め取りて、其の功を修めざるは凶なり。命じて費留と曰う」ですが、これはもうシナ事変そのものです。日本は戦いに勝って、北京だろうが、南京だろうが、漢口だろうが、みんな取ってしまった。

ところが、功を修めませんでした。それは凶なのです。まさに凶だった。費留というのは、ものすごい金をかけて外国にいることです。勝っているのに功を修めなかったわけですから、まさに典型的な図です。

これが小規模に起こったのが、アメリカのベトナム戦争でしょう。これもしばらくの間大軍を派遣しながら、功を修めなかった。あれ以来、アメリカにはやはり、ガタがきました。アメリカだってベトナム戦争以後、南京のときの便衣隊（シナ事変時、平服を着て敵の占領地に潜入し、後方撹乱をなした中国人のグループ）の意味が分かってくれただろうと思います。ところが、それを分からせようという人がいないので、いまごろになってアメリカで、いわゆる「南京虐殺」を問題にするような動きが出ています。

たしかにアメリカは、ベトナムにおけるゲリラの存在を初めて知った。日本はシナでもマレーでも、嫌というほど経験しています。ゲリラというのは殺さなければ、自分が殺されてしまう。

ゲリラのいちばん悪いところは、ゲリラか普通の市民かの区別がつかないことです。アメリカはゲリラを殺すのはけしからんと日本を責めますが、自分たちが実際にゲリラに面と向かったら、やはり殺した。何しろ区別がつきません。とにかく、費留というのは高くつきます。

それにしても、アメリカはまだ至るところに費留していますね。ただ、日本にいるアメリカ軍には日本がほとんどの費用を出しているので、いわゆる費留にはなりません。韓国は大部分が費留でしょう。滞在費をそれほど受け持っていないようです。日本の場合は、日本の雇い兵のような形になっているという人もいます。

一時の感情で行動を起こすな

【主《しゅ》は怒《いか》りを以《もっ》て師《し》を興《おこ》すべからず（火攻 四）】

【本文】故《ゆえ》に曰《い》わく、明主《めいしゅ》は之《これ》を慮《おもんぱか》り、良将《りょうしょう》は之《これ》を修《おさ》む、と。利《り》に非《あら》ざれば動《うご》かず、得《う》るに非《あら》ざれば用《もち》いず、危《き》に非《あら》ざれば戦《たたか》わず、主《しゅ》は怒《いか》りを以《もっ》て師《し》を興《おこ》すべからず、将《しょう》は慍《いか》りを以《もっ》て戦《たたかい》を致《いた》すべからず。利《り》に合《あ》いて動《うご》き、利《り》に合《あ》わずして止《や》む。怒《いか》りは以《もっ》て喜《よろこ》びに復《かえ》るべく、慍《いか》りは以《もっ》て悦《よろこ》びに復《かえ》るべし。亡国《ぼうこく》は以《もっ》て存《そん》に復《かえ》るべからず。死者《ししゃ》は以《もっ》て生《せい》に復《かえ》るべからず。故《ゆえ》に明君《めいくん》は之《これ》を慎《つつし》み、良将《りょうしょう》は之《これ》を警《いまし》む。此《こ》れ国《くに》を安《やす》んじ軍《ぐん》を全《まっと》うするの道《みち》なり。

【解釈】そんなわけで、賢明な君主はこのことを深く考え、優れた将軍はそれを整えて立派にする、と言います。利益にならなければ行動をせず、獲得できるのでなければ軍を動かさず、危険が迫らなければ、戦いをしません。君主は一時的な怒りにまかせて軍隊を動員してはならず、将軍も心中の憤りから戦争をしてはいけません。味方の利益に一致すれば軍を動かし、味方の利益に一致しなければ、軍を動かしません。一時的な怒りは喜びに変えることができ、心中の憤りも喜びに変えることはできますが、滅亡した国家は二度と元に戻ることはできず、死んだ人は二度と生き返ることはできません。ですから、明君は戦争をすることについては用心深く慎み、優れた将軍はそれを注意して戒めるのです。これが国を安泰にし軍隊を完全に保つ方法であります。

怒りが日本を滅ぼした――渡部

これは、まさにそのとおりです。ここで重要なのは、感情ではダメだということで、「利に合いて動き、利に合わずして止む」でなければいけない。とにかく怒ってはいけないということです。

怒って行動して国が滅んだら、亡国は戻らず、死者は生き返らない。だから「明君は之を慎み、良将は之を警《いまし》む」わけです。

ところが、大正以後の日本を動かしているのが、この怒りです。怒りも、いい方向に発散すればいい。たとえば軍縮会議でアメリカ五、イギリス五、日本三というのを、せめて十対七にしたいと暴れるのに対して、利をもって勘定できる加藤友三郎や山本五十六、井上成美、堀悌吉などという人が、「それではダメなんだ。この条約を成立させなければ、アメリカなどはいくらでも船をつくってしまう」と抑えた。

ところが怒りを抑えられた加藤寛治だとか末次信正は、統帥権干犯問題などということを言い出す。それに陸軍や鳩山一郎、犬養毅らが乗って、日本を滅ぶに至らしめた。これは怒りを発したからです。

それにしても、海軍や陸軍が統帥権干犯などと言っている間は、まだ火は小さかった。それを大きな火にしたのは鳩山一郎です。鳩山が議会で発言したことによって事が大きくなり、それに犬養が加わって、いよいよ公的な問題になった。

そうなると、当時の日本人は日本が頭を押さえられているとして、怒りを発した。怒りというのは、よほど慎まなければいけません。ただ、このときの軍艦の制限は数字に表れますから、怒りを発しやすい。国民というのはそれほど算盤高くありません。

この他に、外交官の怒りというものもあります。これは面子を潰されたための怒りだから、なお悪い。鉄道王ハリマンが来日して、日本がロシアから割譲された南満洲鉄道を一緒にやろうと言った話は、前にも触れました。

そのときに明治の元勲たちは、そろって「これはいい案だ」と賛成した。満洲を日本だけでやったら大変なことになる。敗れたりとはいえ、ロシアはまだ北満に大軍がいる。それに外国からどんな干渉を受けるか、知れたものではない。これはアメリカと一緒にやったほうが無事だという発想があった。

賛成した顔ぶれの中には伊藤博文、渋沢栄一、井上馨らがいた。もちろん桂太郎もその線でいきましょうということで、口約束を書いた文書を取り交わしたようです。

ところが、帰国するハリマンと入れ違いに、小村寿太郎が帰ってきた。彼は死ぬ思いで日露交渉を成立させ、その誇りを持って帰国したところでこの話を聞いた。「オレがいない間に何ということをしてくれた」と、彼は怒りを発しました。

この怒りは、まあ、筋が通っています。日本人はあれだけの血を流して戦った。しかもロシアは、南満洲の割譲に対して何も文句を言わなかった。それなのに何もしなかったアメリカが、一緒にやろうと言うのはけしからんというわけです。小村のこの怒りに、元勲たちは押し切られてしまった。

外務大臣だった松岡洋右も、同じようなことをやっています。あの国際連盟脱退も、彼独特の怒りでしょうね。ところが、松岡にはもっと悪いことがある。アメリカにクーン・レーブというユダヤ人の投資会社があって、この会社が昭和十五年に二人の神父を送って寄越しました。当時、日米関係は険悪になっていたので、これを良くしようという意味で、プライベートな使者を寄越したわけです。

このクーン・レーブという会社は、日露戦争のとき高橋是清に、どんと五百万ポンドを貸してくれた。高橋はロンドンで一千万ポンドを集めなければならなかった。同盟国イギリスでも、五百万ポンドしか集まらない。そのときに残りの五百万ポンドを貸してくれたのが、このクーン・レーブという会社だったのです。

その会社が寄越した使者だから、本当だったら粗略に扱うことはできません。しかし残念ながら高橋是清はすでに四年前に、二・二六事件で殺されていた。クーン・レーブはユダヤ人の会社ですから、使者たちが持ってきたのは、石油がらみの話だったのでしょう。しかし、おそらくそれだけではなかった。

「日本よ、ヒトラーと手を組むとは何事ですか。いま世界でいちばんユダヤ人をいじめているのはヒトラーです。日本にとっていちばん必要なのは、石油でしょう。その石油資本を押さえているのがどこの国か、知っていますか」という趣旨だったと思う。

日露戦争でクーン・レーブが金を出したとき、社長のヤコブ・シフが高橋に言ったのは、「いま世界でいちばんユダヤ人をいじめているのは、ロシアです。だから日本に金を出します」ということだった。その日本が、ユダヤ人をいじめているヒトラーと手を結ぶのを止めさせにきたのに違いありません。

二人の使者が持ってきた話は、ある程度政府に話をつなげようという方向に向かっていた。そこに帰ってきたのが、松岡洋右です。「外務大臣も知らないのに、何を言っているか」という一喝で、その話は消えてしまったと言われています。クーン・レーブの使者は虚しく帰国し、昭和十六年に入ると日本への石油が止まりました。

とにかく、怒りを発する外務大臣というのはよくない。外務大臣はあくまでも冷静な算盤家でなければいけません。

面子問題の怒り――谷沢

この軍縮会議の前に、こうした怒りを、いくらでも制限なしに表に出すことを許すものがあったのです。

それが大義名分です。つまり世界のうちで、日本だけがとことん軍縮させられるというのは不公平である、そういう大義名分がありました。面子の問題だから、怒りがストレートに出るわけです。

この場合の怒りというのは、本当の怒りではなくて、面子問題の怒りであったと思います。

怒らなかった明治維新の日本人――渡部

先ほどは怒りが国を滅ぼしたという話をしましたが、江戸幕府のころの日本人は、怒らないだけの度量があった。その幕府を明治維新が引っ繰り返して、維新の志士たちは政権についたとたんに怒らなくなった。かつての攘夷運動の怒りを、瞬時に忘れるだけの変わり身の早さがありました。それがよかったのです。あのときに怒ったら、阿片戦争の二の舞でした。

とにかく富国強兵のためには、産業を興すしか方法がない。怒っていても、何の役にも立ちません。こうして、日本はもっぱら計算するようになってしまった。中でもいちばんラディカルだったのが井上馨で、西郷隆盛からは「三井の番頭さん」などと皮肉を言われた。日本はそれによって、短期間に経済大国への道を開いたわけです。

たとえば「日本郵船」も、そのころにできた会社です。あの会社がないと、いくら貿易をやっても利益は全部イギリスの船会社に取られてしまう。ああいう船会社ができたのも、維新の志士が算盤に走ったお陰です。

それから、財閥の育成が資本主義育成の早道だということを知った。それを真似たのが韓国の朴正熙《パクチヨンヒ》大統領です。だから韓国は常道を行った。朴正熙は日本の軍人でもありましたし、日本のことをよく知っています。

私は旧時代の韓国人のインテリと、親しく交わったことがある。一九五五年ですからいまから四十五年前になるわけですが、ドイツへ行ったときに隣の部屋が韓国人の教授だった。もうひとり、近所にやはり韓国人の教授が住んでいた。みんな仲がよかったですが、隣の韓国人は私よりも年上で上智大学出身ですから、とくに仲がよかった。

彼も、また別の韓国人教授も、私と話をすると「日本は明治維新があったから、よかったですね」と言う。旧世代の韓国人にとって、明治維新のあるなしが、日本と韓国の運命の違いだということを、率直に受け止めていましたね。

朴大統領は、その世代なのです。だから、明治維新のことはよく調べていたと思う。それで、経済復興のカギは財閥をつくることだということを知っていた。彼には、日本というお手本があったわけです。だからそのお手本の設計図を見て、クーデターをやった。

朝鮮戦争以後、それまでの韓国はアフリカ並みの極貧国のひとつだった。いつまでもそこから抜け出せない。こんなことではダメだと、朴大統領はそれまでの懸案だった日韓基本条約を結んで、日本から資本や技術を全部入れ、財閥をつくってしまった。あの人は韓国の大恩人です。

とにかく他国で、明治維新を実現しようとした唯一の人物です。それから間違えてやり損なったのがイランのモハンマド・パフラヴィ、多少成功したのがトルコのケマル・パシャでしょう。ケマル・パシャはとにかく旧時代の生き方ではダメだ、日本を見よ――ということだった。トルコがいまもって親日を貫いている理由のひとつは、そこにある。日本は手本だったのです。それから日本は、トルコの仇敵ロシアに勝っています。マレーシアのマハティール大統領の「ルック・イースト政策」も成功例に入れてよいでしょう。

イランのパフラヴィは気の毒なことをしました。彼は日本を尊敬し、日本のようになることを念願していた。なぜ日本が成功し、パフラヴィが失敗したかといえば、彼は近代化だけを求めたため、イスラム原理主義に引っ繰り返されてしまいました。

日本の場合は明治天皇の復古運動です。復古にして近代化なのです。パフラヴィには、それができなかった。いちばんガチガチの神道原理主義者でも、天皇がなさる近代化には文句が言えなかった。だから『夜明け前』の青山半蔵は平田系の国学者ですが、「こんなはずじゃなかった」という感じで死んでいく。それが国民的反対運動にまではつながりません。

明治維新は元来はイスラム原理主義に似た神道原理主義が推進した近代化です。しかし近代化を求められた明治天皇がおられた。それが日本とパフラヴィの違いだと思います。イランでもマホメット直系の子孫がいて近代化を進めたら違っていたかも知れません。

冷めた怒りが維新を可能にした——谷沢

攘夷論というのは怒りの論理なのです。しかしこれには段階がありまして、まず第一段階でペリーが日本へやってきて、そのやり方に対して日本人が怒ったわけです。事実、シナ人もアジアのだれも怒らなかったのに、日本人だけが怒った。まずこういう第一段階があって、そこで攘夷論というものが大きく燃え上がるわけです。

攘夷論というのは、夷狄《いてき》を追っ払えということですから、怒りの論理です。ところが、それが第二段階になると、攘夷を行なわない徳川幕府はけしからんというので、今度は倒幕論になるわけです。これは冷めた怒りです。攘夷の熱い怒りから、冷めた怒りへと変わっていくわけですね。

その冷めた怒りがあったればこそ、維新が可能になったのです。

つまり、維新のときにはもうすでに冷めている、明治政府をつくる、冷めた政府ができ上がる、こういう順番になっていたのだと思います。

このように明治維新には、そもそもの熱い怒りと、冷めた怒りという、二段階があったのです。

十三、用間篇

——情報活動——

情報収集に費用を惜しんではならない

【人《ひと》に取《と》りて、敵《てき》の情《じょう》を知《し》る（用間　一）】

【本文】孫子曰《そんしい》わく、凡《およ》そ師を興《おこ》すこと十万《じゅうまん》、出征《しゅっせい》すること千里《せんり》なれば、百姓《ひゃくせい》の費《ひ》、公《こう》家《か》の奉《ほう》、日《ひ》に千金《せんきん》を費《ついや》す。内外騒動《ないがいそうどう》し、道路《どうろ》に怠《おこた》りて、事《こと》を操《と》るを得《え》ざる者七十万家《ものしちじゅうまんか》、相守《あいまも》ること数年《すうねん》にして、以《もっ》て一日《いちにち》の勝《かち》を争《あらそ》う。而《しか》るに爵禄百金《しゃくろくひゃっきん》を愛《お》しみて、敵《てき》の情《じょう》を知《し》らざるは、不仁《ふじん》の至《いた》りなり。人《ひと》の将《しょう》に非《あら》ず。主《しゅ》の佐《さ》に非《あら》ず、勝《しょう》の主《しゅ》に非《あら》ざるなり。故《ゆえ》に明《めい》君賢将《くんけんしょう》の動《うご》きて人《ひと》に勝《か》ち、成功衆《せいこうしゅう》より出《い》づる所以《ゆえん》の者《もの》は、先知《せんち》なり。先知《せんち》は鬼神《きしん》に取《と》るべからず、事《こと》に象《かたど》るべからず、度《ど》に験《けん》すべからず。必《かなら》ず人《ひと》に取《と》りて、敵《てき》の情《じょう》を知《し》るなり。

【解釈】孫子が言います、およそ十万の大軍を動員し、敵の国に千里先まで攻め入ったとしますと、人々の経費や、朝廷の軍事費などで、一日に千金という大金を費します。国の内外ともに騒然となり、物資の輸送のために道路に疲れ果て、自分の生業を営めなくなる者が七十万家にも達します。こうやって数年にわたって対峙しながら、一日で最後の勝負が決まるのです。それなのに官位・俸禄・百金といった微々たるものを出し惜しんで、スパイによって敵の実情を知ろうとしないのは、まったく民衆に対して思いやりのないことであります。そのような人物は人の上に立つ将軍ではありませんし、君主の補佐でもなく、勝利の主でもありません。そんなわけで、賢明な君主や賢い将軍が、軍を動かして敵に勝ち、他人よりも抜きんでた成功をするというのは、あらかじめ敵の状況を知っているからです。あらかじめ敵の状況を知ることは、鬼神に祈って得られるものでもなく、天文や雲気などの天界の事象によって得られるものでもなく、太陽や月や星の運行によって得られるものでもありません。必ず人の報告によって、敵の実情を知るのであります。

日本は情報収集を冷遇した――渡部

本当に、これだけあればいいような言葉ですね。

この前の戦争で、日本は負けました。日本とヒトラーが負けた最大の理由は、暗号を解かれたことです。ヒトラーのほうはエニグマという暗号機が盗まれて、それから勝てなくなってしまった。

エニグマを手に入れたのはチャーチルで、彼は暗号の重要さを知っています。彼はエニグマで、ドイツ軍がコベントリーという小さな町を爆撃するということを知る。しかし、コベントリーのような小さな町を守るために、エニグマを持っていることを知られてはならないと、コベントリーをドイツ軍が爆撃するにまかせます。

だからドイツ軍は、暗号がすべて漏れていることを知りません。チャーチルはより大きな作戦のために、エニグマをとっておいたわけです。

それからこれは、すでに広く知られていることですが、日本の外交文書はすべてアメリカ側に読まれていた。海軍の暗号も同様で、真珠湾で待ち伏せされてしまった。暗号というものは、しょっちゅう変えるものなんだそうですね。海軍の暗号は絶対に解けないことになっていたようですが、それでも万が一を考えて、大作戦の前にはかならず変えるのだそうです。

だから、インド洋作戦の後に変える予定のところ、先ほども言いましたが、ミッドウェー作戦を海軍記念日に合わせて急遽《きゅうきょ》発進することになったため、この作戦が終わってから変えようということになった。まさに、その作戦でやられたわけです。

海軍としては、暗号が解読されていることに、まったく気づいていない。それが解読されていた。アメリカも全部解読したわけではないのですが、どうもおかしい、日本の暗号通信に出てくるＡＦがどこを指しているか分からないが、ミッドウェーではなかろうかと怪しんだ。

それでアメリカ軍は、ミッドウェーは水が足りないとか何とか、わざと読みやすい平文で電報を打った。すると日本の暗号の中に、すぐにＡＦが出た。「あっ、これはミッドウェーだ」という分かり方をされた。

暗号の文章は解けますが、暗号化された地名は解きようがない。それが平文の罠にかかってしまった。あとはもうボロボロで、山本五十六も暗号でやられたわけです。

これは繰り返しになると思いますが、日清戦争の前、あるいは日露戦争の前には、驚くほどよく情報を集めている。前の戦争のときも努力しなかったわけではないけれども、日露戦争のときのように身が入っているという印象がない。

なぜかというと、日露戦争のときはたとえば明石元二郎という軍人がいる。彼はスウェーデンの大使館付武官として、反ロシア工作に奔走した。それこそレーニンを金で抱き込んで国内不安を起こさせたりしたから、何個師団にもあたる働きをしています。明治の軍の上層部はさすがに彼を大将にしたし、男爵にもしましたが、それを国民には知らせなかった。

そういうことを国民に知らせてさえいたら、「スパイで大将・男爵になれるのか。オレもスパイになろう」と言うような人も出てきたと思う。そうすればその後の日本にも有利になっていたでしょう。

そのほかに日露戦争のときの情報集めでは、シベリア鉄道と東清鉄道の破壊・妨害の密命を帯びて原野に潜入した横川班の二人がいる。横川省三と沖禎介がその二人で、彼らの荷物の中には拳銃、地図、持てるかぎりの爆薬があったから、ロシア軍に逮捕されると言い逃れはできず、処刑されてしまった。

本来なら、明石元二郎にはCIAに相当する秘密情報局のようなものをつくらせるべきでした。ところが、陸軍の内部でも、明石をそれほど重要視していなかった。本当の上層部の人しか、彼を認めなかったのだと思います。

ところが、孫子はここに書いています。「以て一日の勝を争う。而るに爵禄百金を愛しみて、敵の情を知らざるは、不仁の至りなり」。金を惜しんで敵の実情を知らないのは、不仁なのです。もう、この言葉に尽きますね。

スパイは厚く遇するほど効果がある——谷沢

『孫子』では最後にずっと「用間」、つまりスパイについて書いてあるわけです。

これだけ『孫子』が、スパイについてやかましく言わなければならなかったのは、やはりスパイというのは汚らわしいもの、いやらしいものであるという、価値評価がありますから、それを何とか崩したいという気持ちがあったんじゃないかと思います。

いまだってそうでしょう。やっぱりスパイというものを、何かいやらしいもの、触れることを避けたいものと考える傾向がある。

そうしますとそこから、スパイに対してケチな態度になり、金の出し惜しみをするということになってくるわけです。

「こうやって数年にわたって対峙しながら、一日で最後の勝負が決まるのです。それなのに官位・俸禄・百金といった微々たるものを出し惜しんで、スパイによって敵の実情を知ろうとしないのは、まったく民衆に対して思いやりのないことであります」

このように『孫子』が言っているのは、要するにスパイの報酬に対して、金の出し惜しみをするなということなのです。

『孫子』には、スパイに金を惜しまず、厚く遇すれば効果があるということが、ずっとテーマメロディーのように出てきます。そして、まさに『孫子』の最後は、「このスパイこそが軍事上の重要な役割を担うものであって、大軍はそのスパイのもたらす情報を頼りにして行動するのであります」という教えで終わっているのです。

情報のキーマンを育成せよ

【間《かん》を用《もち》うるに五有《ごあ》り（用間　二、三）】

【本文】故《ゆえ》に間《かん》を用《もち》うるに五有《ごあ》り。因間有《いんかんあ》り。内間有《ないかんあ》り。反間有《はんかんあ》り。死間有《しかんあ》り。生間有《せいかんあ》り。五間倶《ごかんとも》に起《おこ》りて、其《そ》の道《みち》を知《し》る莫《な》し。是《これ》を神紀《しんき》と謂《い》う。人君《じんくん》の宝《たから》なり。

【解釈】そんなわけでスパイを用いるのには五種類があります。因間、内間、反間、死間、生間であります。五種類のスパイが同時に用いられても、それぞれのスパイは何の任務でどういう役割なのかなどを知ることはできません。これを神秘的な統御法といい、君主の貴ぶべき宝なのです。

【本文】故《ゆえ》に三軍《さんぐん》の事《こと》、間《かん》より親《した》しきは莫《な》く、賞《しょう》は間《かん》より厚《あつ》きは莫《な》く、事《こと》は間《かん》より密《ひそ》かなるは莫《な》し。聖智《せいち》に非《あら》ざれば、間《かん》を用《もち》うる能《あた》わず。仁義《じんぎ》に非《あら》ざれば、間《かん》を使《つか》う能《あた》わず。微《び》妙《みよう》に非《あら》ざれば、間《かん》の実《じつ》を得《う》る能《あた》わず。微《び》なるかな、微《び》なるかな、間《かん》を用《もち》いざる所《ところ》無《な》し。

間《かん》事《じ》未《いま》だ発《はつ》せずして先《ま》ず聞《き》こゆれば、間《かん》と告《つ》ぐる所《ところ》の者《もの》とは皆死《みなし》す。

【解釈】そんなわけで、大軍を動かすときに、君主はスパイより親しい者はなく、恩賞を与えるのにスパイより厚く与えられる者はなく、軍事上のことではスパイを使うことよりも機密を要することはありません。君主や将軍が非常に優れた知恵の持ち主でなければ、スパイを使うことはできません。仁義の心の持ち主でなければ、スパイを使うことはできません。微妙のことをも洞察する能力の持ち主でなければ、スパイの報告から真実を理解することはできません。何と微妙なことでしょう、どんな場合にでもスパイを用いるのです。スパイの情報に基づく計画がまだ実行されないうちに、その計画のことを外から告げる者があったときには、スパイと告げた者は皆殺されます。

スパイを使いこなせなくなった日本――渡部

スパイを使うのは「神秘的な統御法」だと言っていますね。スパイを使うことには神秘性がある。だから映画「007」シリーズが人気があるわけです。

「聖智に非ざれば、間を用うる能わず」、それがどんなことかというと、「君主はスパイより親しい者はなく、恩賞を与えるのにスパイより厚く与えられる者はなく、軍事上のことではスパイを使うことよりも機密を要することはありません」。これです。だから「君主や将軍が非常に優れた知恵の持ち主でなければ、スパイを使うことはできません」ということになる。

明治維新のころのリーダーは、優れていました。ところが昭和になると筆記試験で偉くなった人だから、スパイを使いこなせなかったのではないでしょうか。それで日本も後になって、陸軍中野学校などをつくった。ここに入った人の中には優秀な人もいたでしょう。このような施設は、日露戦争が終わるとすぐ、あるいはシナ事変が始まる前からつくっておくべきでした。それで、世界中にばらまくのです。

このような人を使うには、報いがなければいけません。「賞は間より厚きは莫く」、スパイより厚く恩賞を与えられる者は、いないわけです。スパイを表には出せないから、位で与えるわけにはいきません。『孫子』はしばしば名誉職と禄という二本立ての話をしていますが、ここでは禄だけです。

明石元二郎もそうでした。当時のお金で百万円ですから、使いでから言えば現在なら何十億円でしょう。それだけのお金を彼にポンと与え、自由に使わせた。明石はそれを使って、それこそロシア中の革命分子を動かしたわけですが、几帳面《きちょうめん》な人で、残りの二十何万円を返している。昔の人は律儀です。それだけの手柄を立てたのですから、本当は返さなくてもいいのです。

企業間でも同じじゃないでしょうか。企業スパイというのは必要です。これはまさに犯罪スレスレですから、厚く報いなければいけません。それと同様に、日本という国にもスパイは必要です。

その意味でも、やはりユダヤ人の大金持ちに日本国籍を取らせるのが、有力な手だと思う。ああいう国、ああいう人ですから、日本に反感は持っていない。そういう人たちと、首相だとか皇太子殿下なんかが会食をして、それとなく「あれはどういうことでしょうか」などと尋ねる。そういうのが、いちばんいい情報源のひとつになると思います。

これは日本の金融がこれほど大変になる前で、橋本内閣のときだったと思いますが、日本からの財界使節団がヨーロッパを回った。それで友好国のベルギーへ行ったら、王様から「日本の銀行は大丈夫ですか」と尋ねられて、経団連の会長以下、度肝を抜かれて帰ってきたというわけです。

経団連の会長さえも、当時の日本の銀行が累卵《るいらん》の危うきにあることを知らないのに、ベルギーの王様はそれを知っていた。首相も大蔵大臣も知らないことを、だれかがベルギー国王に言っていたということです。考えなければいけません。

これを逆に言えば、日本はアメリカの「ロング・ターム・キャピタル・マネジメント」が潰れる以前に、それを知っていなければならなかった。すでに情報戦で負けているのです。戦争中に、暗号を読まれているのと同じことです。

ベルギーの王様の話を聞いたとき、私はゾッとしました。「たかが」と言ったらおかしいですが、あのような小国でさえ、日本に敏腕のスパイを送り込んでいるとしか考えられない。あるいはその情報を買ったとすれば、それを売った人間がいるということです。

プライベートが持つ力──渡部

日本は機密に関する法律がない唯一の国です。この法律をつくらせないのは左翼ですから、これは国賊でしょう。左翼は国外に情報を流しっぱなしですから、自分たちが逮捕される恐れがある。

これはだれかが書いていたことですが、「山一證券」が潰れるということを、外国の金融関係者はみんな知っていたというんです。ところが、それを「山一」の社長が知らない。社員は愛社心から、せっせと安くなった株を買っている。これは惨憺《さんたん》たる状況です。しかも、これを憂《うれ》える日本人がいない。

私が相続税廃止を言うのは、日本に大金持ちをつくらなければいけないからです。もし岩崎総本家が昔のままだったとしたら、相手はロスチャイルドでもどこでもいい、岩崎さんはかならずどこかと縁談を結ぶか、あるいは同じ資格でささやき合っています。首相はそれを、岩崎さんから聞けばいい。そういう大金持ちがいません。

公式の情報網だけでは十分ではありません。だいいち、効果がありません。私がプライベートと公式の差を嫌になるほど知ったのは、これは名前を出してもいいと言われたから言いますが、笹川陽平さんの日本財団の力と、外務省の力です。

いまではちょっと霞みましたが、ロシアでレベジという右翼の男が頭角を現してきて、次の大統領になるんじゃないかと騒がれたことがありました。そこで日本の外務省は、レベジが何を考えているかぜひ知りたいと言い、「ついては、笹川さんはゴルバチョフとも親しかったし、ひとつレベジに会って、どんな人物か見てきてください」と頼んだ。

笹川さんはロシアへ出かけていったが、レベジは会いません。モスクワにいる日本財団の人たちが、「ルートがありますから、われわれがセットしましょうか」とお伺いを立てましたが、笹川さんは「いや、これは外務省の仕事で来ているのだから、ロシアの日本大使館に任せよう」と、首を横にふった。

こうして、大使館にいる日本の外交官はついにレベジと話す機会をつくれず、笹川さんは虚《むな》しく帰国した。笹川さんは事の次第を外務省に報告してから、今度は自分でロシアへ出かけた。レベジは快く会ってくれて何時間も話を交わしただけでなく、笹川さんはレベジを連れて帰国し、日本で彼の講演会を開きました。

プライベートというのは、それだけの力があります。これが力というものです。チェルノブイリの原発災害のときも、当時は笹川良一さんが生きておられて、注射針五十万本とかをパッと持っていく。政府ではないのです。良一さんや跡を継いだ陽平さんは、ゴルバチョフと二時間も会うことができるのです。それが外務省を通じると、ロシアの外務省と日本大使館との話から始まるわけですから、これはなかなか会えません。

プライベートな情報網を持てるか

【反間《はんかん》は厚《あつ》くせざるべからざるなり(用間 四、五)】

【本文】五間《ごかん》の事《こと》、主《しゅ》必《かなら》ず之《これ》を知《し》る。之《これ》を知《し》るは必《かなら》ず反間《はんかん》に在《あ》り。故《ゆえ》に反間《はんかん》は厚《あつ》くせざるべからざるなり。

【解釈】五種類のスパイによって、君主は必ず敵の内情を知ることができますが、敵の内情を知ることの根本は、必ず反間にあります。ですから反間に対しては厚く処遇しなくてはなりません。

【本文】昔殷《むかしいん》の興《おこ》るや、伊摯《いし》、夏《か》に在《あ》り。周《しゅう》の興《おこ》るや、呂牙《りょが》、殷《いん》に在《あ》り。故《ゆえ》に惟明君《ただめいくん》・賢《けん》将《しょう》のみ能《よ》く上智《じょうち》を以《もっ》て間《かん》と為《な》す者《もの》にして、必《かなら》ず大功《たいこう》を成《な》す。此《こ》れ兵《へい》の要《よう》にして、三軍《さんぐん》の恃《たの》みて動《うご》く所《ところ》なり。

【解釈】昔、殷が興ったのは、伊摯が夏の国におり、周が興ったのは、呂牙が殷の国にいて、その国の実情を知っていたからです。そんなわけで、ただ賢明な君主と将軍のみが、優れた知恵者をスパイとすることができて、必ず大きな功績を立てるのです。このスパイこそが軍事上の重要な役割を担うものであって、大軍はそのスパイのもたらす情報を頼りにして行動するのであります。

生かさなければならない財閥の情報網——渡部

間、つまりスパイは厚く報いなければならないわけですが、ここで注意しなければならないのは、「敵の内情を知ることの根本は、必ず反間にあります」、つまり二重スパイ、カウンター・インテリジェンスにあると言っている。

普通はこれをイヤがりますが、情報を一方的にもらうことはできないわけで、スパイはすべて反間になる可能性がある。だから孫子は、反間を厚く処遇しなければならないと言っています。

つまるところ言えるのは、「故に惟《ただ》明君・賢将のみ能く上智を以て間と為す者にして、必ず大功を成す。此れ兵の要にして、三軍の恃《たの》みて動く所なり」ということになる。これに尽きると言っていいでしょう。

それでは、どうしていいスパイをつくるかということですが、前にも言ったように、現代では自分の国に大金持ちをつくることだと思います。個人の力、金持ちが必要なんです。あるいは個人の有力な財団でもいい。正直のところ、国際結婚をするような大金持ちがいるのがいちばん望ましい。

ここ数百年の世界の流れを見ますと、国際的な財閥を抱えたアングロ・サクソンの国々が、いつも勝ち側についています。ロシアはユダヤ人を迫害してダメになった。ドイツはカイザーのころまではよかったのですが、ヒトラーでダメになりました。

さらに時代を遡れば、一時は世界の植民地大国だったポルトガルやスペインですが、まるで魔物にでも魅入られたように、国土からユダヤ人を追放する。それをすべて、イギリスが引き受けます。追放された者はイギリスへ行った。あるいはアメリカへ行った。

これは一般的な意味の移民とは違います。このような人が日本に入ってきたら、日本の宝と考えなければいけません。新宿の歌舞伎町あたりにたむろしている人間と、同列に考えてはいけない。ただし、日本人にそれだけの度量があるかどうかです。

戦前の日本は残念ながら、財閥の情報網を使うことができなかった。愛国心でガチガチの愛国左翼、つまり当時の右翼の青年将校が「維新」と称してテロをやったから、財閥の出る幕がなかった。いくら情報を持っていても、それが出てきません。「いまの綿の値段はコレコレですよ。石油の値段はこうなります」という情報を持っていたのは、当時の財閥です。それが、テロのため利《き》かなくなり、日本全体がとんでもない方向へ突っ走った。戦後はその財閥さえ、解体してしまいました。

先ほど、私は笹川さんの例を挙げましたが、もうひとつ例を挙げれば、フジ・サンケイグループの鹿内さんです。谷沢さんと一緒に箱根の彫刻の森美術館へ行ったことがありますが、外国人はあの美術館を見て、みんな感激する。あれほど雄大な構想の美術館をつくったのは、世界で日本が最初です。その美術館の真ん中に、迎賓館がある。

これは実質上は鹿内家のものでした。鹿内さんはロックフェラーでもだれでも、ここにお客さんを招く。そうすると、ロックフェラーは鹿内さんを同格の人間だと感じる。これだけの美術品をパークに並べて、中に住んでいるヤツということになります。

鹿内さんは私に言ったことがありました。「美術館を持っているということは、大したことです」。世界中どこへ行っても、すべて「開け、ゴマ」なのだそうです。「ロックフェラーの本宅へ行った日本人はあまりいないと思うけど、私は呼ばれる」。本当に、周囲に何もないところに、一族が固まって住んでいるんだそうです。そこには美術館から何から、すべて揃っている。そういうところに、日本人は普通呼ばれない。ロックフェラーは同格の人間しか呼ばないのです。

そのレベルの交際がないと、情報戦に負けます。第二次大戦のときに、イギリスとアメリカはよく連携しました。その原因のひとつとしてふたりの交際があります。チャーチルは何万坪もの広大な屋敷を持っている。そういうところにルーズベルトが寄って、一緒に食事したりして泊まります。しかもチャーチルの母親はアメリカ人です。最上層階級が国際結婚でつながっています。

ルーズベルトも大金持ちですから、チャーチルは泊まるのはホワイト・ハウスかも知れないけれど、プライベートな別荘などへも招いて、一緒にヨットに乗ったりする。彼らは生活を共にしているから、公式のレベルだけじゃなく、情報が密なのです。

〈エピローグ〉

宋襄の仁にはなるな――渡部

『孫子』は戦術の本で、春秋戦国の時代に書かれています。だから現代から見て、関係がないところもある。しかし、そこから引き出されている原理は完全に生きています。

それはあたかも、デモクラシーの原理がアテネという人口二万人ぐらいの小さな町で行なわれていた、ということと同じことのようです。アテネはいまで言えば、中規模の私立大学ぐらいの市民を持った町です。だから細部に至るまで現代に通じるわけではありませんが、そのアテネで生まれた基本的な原則はアメリカだろうが、イギリスだろうが、あるいは日本だろうが通じます。

古典を読む場合、それぞれの時代性があって具体的な部分はあまり役に立たない。しかし、そこから抜き出した原則には、万古不易《ばんこふえき》のものがあると思います。それが国のレベルのことであっても、会社レベルのことであっても、個人レベルのことであっても、抽象度が高ければ高いほど利用価値がある。

要するに、国民すべてが『孫子』のエッセンスを身につけることが、日本国全体のために重要なことだと思います。これは本文でも言ったことですが、明治時代のリーダーたちに大きな手落ちがなかったのは、教養としてどこかに『孫子』があったからだと思う。

ところが戦後になって、学校制度が整えば整うほど、漢文の時間は少なくなりました。私の世代でも『論語』とか、『十八史略』とか、日本の漢文とか、中国のものではせいぜい『資治通鑑』まででした。つまり『孫子』は教えませんでした。要するに儒学、あるいは儒学的なもの、文学的なものばかりです。

『孫子』はどちらかというと、儒学の反対です。「宋襄の仁」になるなということを教えている。宋の襄公はたしかにジェントルマンです。川を半分渡ったときの敵を叩けば、兵力が半分のときにやれるわけで、川の中の敵は逃げられずに流されていく。それをやらずに、上陸し終わって陣を張ったところで戦争をし、負けてしまった。

この襄公のようになってはいけない、ということです。

古典は試金石——谷沢

『孫子』のもっとも重要なエッセンスは「宋襄の仁」にはなるなであり、「ええかっこしい」ではいけないということに尽きます。

そもそも古典というものは、その古典を丸ごといただくという場合もないことはないがそれはやはり珍しい例で、そこに書かれているエッセンスが重要なのです。

だから、われわれが古典を読むということは、古典からこのエッセンスを引きだす訓練をするということです。そういう点で、どの古典もいわば試金石であって、われわれを試しているわけです。

試されている立場から古典を選ぶということは、思いっきりより好みをして読んでもいいということで、単なる教養としての読書にはない、新しい本との向き合い方をさせてくれる、それが古典なるものの根本だと思います。

『孫子』にはもうひとつ、「戦うな」という大きなテーマがあります。

戦わずして勝つことを考える。これもまた、人生の場面での根本の原理原則なのです。

〈著者略歴〉
谷沢永一（たにざわ　えいいち）
関西大学名誉教授。文学博士。1929年大阪市生まれ。1957年関西大学大学院博士課程修了。関西大学文学部教授を経て、1991年退職。サントリー学藝賞。大阪市民表彰文化功労。大阪文化賞。専攻は日本近代文学、書誌学。評論家としても多方面で活躍。著書に『人間通』『雑書放蕩記』（以上、新潮社）、『名言の智恵　人生の智恵』『私の見るところ』『これだけは聞いてほしい話』（以上、ＰＨＰ研究所）、『司馬遼太郎の贈りもの』『正体見たり社会主義』『読書の悦楽』（以上、ＰＨＰ文庫）など多数。

渡部昇一（わたなべ　しょういち）
1930年山形県生まれ。1955年上智大学大学院修士課程修了。ドイツ、イギリスに留学後、母校で教鞭をとる。そのかたわらアメリカ各地でも講義。現在、上智大学教授。Dr. Phil.（1958）、Dr. Phil. h. c.（1994）。専門の英語学だけでなく、歴史、哲学、人生論など執筆ジャンルは幅広い。著書に『知的生活の方法』（講談社現代新書）、『英文法史』（研究社）、『ドイツ参謀本部』（中公新書）、『後悔しない人生』（ＰＨＰ研究所）、『自分の壁を破る人 破れない人』（三笠書房）、『知的生活を求めて』（講談社）など多数。

孫子《そんし》・勝つために何をすべきか

2000年4月4日　第1版第1刷発行

著　　者　谷　沢　永　一
　　　　　渡　部　昇　一
発 行 者　江　口　克　彦
発 行 所　Ｐ　Ｈ　Ｐ　研　究　所
東京本部　〒102-8331　千代田区三番町3番地10
第一出版部　☎03-3239-6221
普及一部　☎03-3239-6233
京都本部　〒601-8411　京都市南区西九条北ノ内町11
PHP INTERFACE　http://www.php.co.jp/
制作協力
組　　版　ＰＨＰエディターズ・グループ
印 刷 所
製 本 所　図 書 印 刷 株 式 会 社

ISBN4-569-60879-5